小麦力学特性及其与粮仓相互作用研究

曾长女　郭呈周　周　飞　著

黄河水利出版社

·郑州·

内容提要

根据国家粮仓建设的实际需求,我国的粮仓不断向高空和地下发展,仓内粮食的力学特性随之也会发生变化,仓内粮食与仓体结构的相互作用成为粮仓设计及研究中的关键问题之一。本书参考了国内外相关文献,并结合新规范,以室内试验和数值模拟为主要方法,系统地研究了小麦的力学特性及其与仓壁的相互作用。本书主要包括概述、小麦孔隙率测试、小麦剪切特性的三轴试验、小麦三轴试验离散元模拟、筒仓静态储料相互作用、筒仓动态卸料相互作用等。

本书可供土木、粮食储藏、粮食加工、机械工程等领域的研究人员、工程技术人员及研究生参考使用。

图书在版编目(CIP)数据

小麦力学特性及其与粮仓相互作用研究/曾长女,郭呈周,周飞著.—郑州:黄河水利出版社,2020.3

ISBN 978-7-5509-2612-7

Ⅰ.①小… Ⅱ.①曾…②郭…③周… Ⅲ.①粮仓-建筑科学-力学-研究 Ⅳ.①TU249.2 ②TU311

中国版本图书馆 CIP 数据核字(2020)第 044423 号

组稿编辑:王志宽 电话:0371-66024331 E-mail:wangzhikuan83@126.com

出 版 社:黄河水利出版社 网址:www.yrcp.com

地址:河南省郑州市顺河路黄委会综合楼 14 层 邮政编码:450003

发行单位:黄河水利出版社

发行部电话:0371-66026940、66020550、66028024、66022620(传真)

E-mail:hhslcbs@126.com

承印单位:河南新华印刷集团有限公司

开本:787 mm×1 092 mm 1/16

印张:9.5

字数:156 千字

版次:2020 年 3 月第 1 版 印次:2020 年 3 月第 1 次印刷

定价:60.00 元

前　言

民以食为天，国以民为本。粮食事关国运民生，粮食安全是社会稳定和国家安全的根本保障，粮食一旦短缺，国家将不战自乱。随着社会的进步、经济的发展，我国农业的现代化、机械化程度不断提高，而无论是在农业生产过程中，还是在农业物料的加工、运输、装卸、储藏等过程中，都需要获取农业物料的物理力学特性。

随着对粮食物理力学特性研究的不断深入，对其研究方法、测试手段和技术等方面进行不断完善，所取得的研究成果已经在粮食的生产—加工—储备—运输等方面得以应用。本书结合新规范，对小麦物理力学特性进行了系统的室内试验、数值模拟研究，可供土木、粮食储藏、粮食加工、机械工程等领域的研究人员、工程技术人员及研究生参考使用。

粮仓作为保障粮食储藏安全的重要途径，从古至今一直是储粮体系中的重要内容之一。现如今我国的粮仓建设规模和速度远远超过国际水平，粮仓不断向大、高及地下等方面发展，因此仓内粮食与仓体结构的相互作用影响规律也将随之改变，而该问题是粮仓设计的重要问题之一，有必要开展该方面的研究，为粮仓设计提供相关基础数据和参考思路。

本书主要分为三部分，第一部分为第1章的概述，重点介绍了小麦物理力学特性及其与仓壁相互作用的研究背景和研究现状，引出了本书的主要研究内容。第二部分为小麦的物理力学特性，包括第2章、第3章和第4章，该部分首先介绍了小麦孔隙率的测试方法，基于小麦容重、比重和压力法测试粮堆孔隙率，基于 PFC^{3D} 离散元软件对粮堆孔隙率进行数值模拟；接着进行小麦剪切特性的三轴试验研究，并利用 PFC^{3D} 离散元软件，着重于小麦宏－细观参数的定量关系，应力、体变—应变关系，强度参数以及剪胀性特性的三轴试验模拟。第三部分为粮食与筒仓壁的相互作用研究，包括第5章和第6章，这一部分通过建立筒仓的 PFC^{3D} 模型，分别模拟了筒仓静态储料及动态卸料两种情况下的小麦与仓壁相互作用机理。

在本书的编写过程中,作者虽力求突出重点,内容系统而精练,兼顾科学性和实用性,但因时间和水平有限,书中难免存在不妥之处,敬请读者批评指正。

作　者

2019 年 10 月

目 录

第1章 概 述

1.1 研究背景

古往今来,粮食安全都是治国安邦的首要任务。当前世界经济与政治不确定问题日益突出,我国人口众多,粮食储备安全事关国家安危和人民幸福。长期以来,我国始终把粮食安全作为治理国政的头等大事,并于2013年对新时期粮食安全战略进行了系统阐述,强调加强粮食生产、储备和流通三大能力同时建设,发展中国特色的粮食安全战略。作为农业大国,我国产出的粮食在流通、储藏、运输等过程中存在的一系列问题所导致的粮食损耗高达8%~10%,这大大降低了粮食增产的红利,因此减少粮食的储藏损失是粮食储备安全亟待解决的问题之一。粮食储备库的建设是粮食储备、储藏安全的基本保障。根据规划,到2020年我国将逐渐实施与增产千亿斤粮食规划相配套的千亿斤仓储建设,增建大量粮仓,以保障粮食储备安全,实现新时期的粮食安全战略目标。

就粮仓设计而言,粮食的基本物理力学参数(如密度、内摩擦角、与仓壁间的摩擦系数等)的获取对于研究粮仓与粮食相互作用起到关键性的作用,也是粮仓设计、粮食加工和储运设备设计的关键技术参数之一。目前,对于粮食的基本物理力学参数已经开展了相关研究,并取得了一定的成果。随着对粮食力学特性研究的不断深入,对研究方法、测试手段和技术等方面进行了不断完善,所取得的研究成果已经在粮食的生产、加工、储备、运输等方面得以应用。欧美等发达国家早在20世纪40年代已形成了较完善的粮食基本物理力学参数系统,我国在1956年系统地对粮食的力学特性进行了相关测试,在筒仓设计时采用的粮食力学参数大多是当时测定的部分数据,并结合苏联等的相关试验数据整理得到的。但随着我国粮食储藏格局的变化,储粮特点和粮仓与国外的差别也较大,因此有必要结合我国的储粮实际和需求,提出适合我国现代化储粮特点的关键参数。

粮食的物理力学特性对于粮食加工、储存、包装、运输等过程有较大的影响,在此过程中也容易造成粮食的二次损耗而导致物理力学参数变化,而这往往容易被忽略。粮食的力学特性涉及粮食的接触应力、撞击荷载、摩擦特性、压缩特性等力学参数,在粮食的加工、储运等环节都能体现出来,如流动、振动、压密、松弛、摩擦、变形、黏附等。这些问题涉及粮食与粮食、粮食与界面的相互作用问题。因此,研究粮仓内储粮与仓体结构相互作用关系,离不开对仓内粮食的物理力学特性的研究。充分地把握粮食的物理力学特性,分析粮食与粮仓的相互作用,不仅能为粮仓的设计、粮食的储运及加工设备的研发和改进提供有效的试验参数,还能减少粮食在收获、加工、储运等过程中产生的二次损伤。

1.2 研究现状

1.2.1 粮食物理力学特性研究现状

粮食颗粒属于散粒体,它的物理力学特性要比普通的工程材料复杂得多,对于粮食物理力学特性的试验研究是十分必要的,这些参数对于粮食的储存、加工、运输装卸以及粮仓结构设计等都有着重要的影响。

粮食的物理特性主要包括小麦的外观形状、外形尺寸、水分、密度、千粒重、孔隙率、硬度等;粮食的力学特性主要包括流动性、摩擦特性、压缩特性等。对于粮食常规物理特性的研究由于方法及仪器操作比较简单,研究的内容及范围相对比较完整,文献中有很多成果可供参考。但对孔隙率的研究相对较少,且其对于粮食的力学特性的影响较大,有必要进行进一步的深入研究。

粮食的相关力学特性,主要包括粮食的内摩擦角、黏聚力、弹性模量、剪胀角、与仓壁的摩擦系数、压缩模量等,已有学者开展了研究。这些特性既包括由粮食颗粒间摩擦、压缩等引起的,也包括由粮食与仓壁界面之间摩擦引起的。粮食颗粒间摩擦特性以粮食的内摩擦角、模量、剪胀性等为本书的研究重点,也是粮仓设计的关键力学参数之一。粮仓与粮食相互作用的另一关键参数是粮食与粮仓的界面摩擦系数,该摩擦系数也是设计的关键参数之一。近年来,随着我国粮仓不断向高、大储量发展,粮仓长期静态储粮下的压缩特性也越来越受到关注,由此引起的粮仓底部压力规律也受到相关研究者的关注。

1.2.1.1 粮堆孔隙率测试研究现状

粮堆孔隙率与颗粒状态、尺寸、外部状况、水分、杂质特性、质量以及保存环境等有关。粮堆孔隙率决定了储粮生态环境中粮堆气流运动交换的情况,是储粮生态环境中粮粒保证正常生命活动的重要因素。郝倩等(2015)发现了粮食孔隙率测量新思路,提出了就仓测试粮食孔隙率的新手段,为粮食孔隙率就仓测量仪的研究提供理论基础。王英武(2010)关于贝尔凹陷测井岩性分辨与储层孔隙度解答方法的探索,利用岩性分辨,给出两种获得孔隙率的形式。陈晓杰(2011)进行了岩矿石孔隙度测量仪研制,利用阿基米德原理求出孔隙率,利用这种形式并解决孔隙度测量仪电路规划内容,提供了仪器技术指数和解答。肖东辉等(2014)研究了冻融循环作用通过破坏黄土颗粒的大小和土体的骨架及组构等影响黄土的孔隙率,证明了随着冻融次数的增加,黄土的孔隙率呈先减小后增大,然后趋于稳定的变化规律。周照耀等(2005)研究了烧结金属多孔材料孔隙的产生原因、压制力对孔隙率的影响以及孔隙的连通性。试验结果证实试验所制备的多孔材料具有较高的孔隙率,且孔隙具有较好的连通性。秦跃平等(2010)研究了煤岩试样压缩条件下孔隙率的变化规律及其原因,初始阶段的非线性变形主要是材料内部的孔隙、裂隙的变形引起的,得出压缩条件下孔隙率的求解方程,随着载荷的增加,孔隙率呈现先减少后增大的趋势。

以上分析可见,目前关于粮堆孔隙率的研究并不多见,粮堆孔隙率是表述粮仓内粮食储存状态的重要参数,孔隙率影响着仓壁侧压力值及其产生机理,也是储粮通风的关键参数,对粮食的储藏和加工、粮仓结构的设计,以及粮食安全有着重要的作用。

1.2.1.2 摩擦及压缩特性研究现状

19 世纪末,粮食的摩擦特性等方面的研究开始兴起,直剪试验被广泛地应用于测试粮食的剪切内摩擦角、界面特性。不同尺寸的剪切盒(如圆形剪切盒、方形剪切盒)均用来研究粮食的内摩擦角和界面特性等。为了研究不同应力状态下的粮食摩擦特性,三轴试验也被逐渐采用。

Airy(1898)通过斜面仪测得小麦堆与钢板表面的摩擦系数为 0.414。Jamieson(1904) 测得小麦堆与钢板表面的摩擦系数为 0.365 ~ 0.375。但 Airy 和 Jamieson 的研究没有涉及小麦堆的水分含量。Jayas (1992)测得小麦堆在光滑钢板上的摩擦系数平均结果为 0.370。Versavel 和 Britton (1986)测得水分含量为 12% 的小麦堆与光滑钢板的摩擦系数为 0.298。

Irvine (1989)测得小麦堆、亚麻籽、小扁豆分别在木板和旧镀锌钢板上对应的摩擦系数。Zhang 等(1994)通过直剪试验测定了谷粒与钢板之间的摩擦系数,并得出小麦颗粒之间的摩擦决定了小麦堆与波纹钢板之间的摩擦系数。Molenda 等(2002)测得了小麦堆、大豆和玉米的内摩擦角 φ 分别为 26.4°、36.2°、35.7°。张桂花(2004)通过直剪试验发现包衣稻谷的内摩擦角比普通稻谷的内摩擦角要小。D. I. Akaaimo(2006)采用剪切法测得水分含量为 11% 时波索比斯豆的内摩擦角为 19.37°。Moya 等 (2002,2006)利用直剪试验、三轴试验等系统地测定了不同类别粮食的内摩擦角、粮食与仓壁摩擦系数、比重、剪胀角、弹性模量和泊松比,得到了应力应变关系。许启铿等 (2010)采用直剪试验测定了我国不同地区的粮食内摩擦角及与仓壁摩擦系数。程绪铎 (2009,2011)等通过直剪试验、压缩试验研究了粮食与仓壁的摩擦系数、弹性模量等相关指标。曾长女等 (2015,2017)对小麦进行了大量的研究,获得了强度参数、压缩特性等方面的研究成果。

粮食的压缩特性主要是指粮食在受到外力作用时,其内部产生的应力变化会导致粮食自身参数(如高度、体积、形状、密度等)变化的特性,这些变化进而还会影响仓体压力的分布规律。粮食压缩特性有两个重要的宏观表现参数:弹性模量、体变模量。在外力的作用下,粮食颗粒的长度沿力的方向产生一定的可恢复的弹性变形,变形时的应力与应变的比值即为弹性模量,可分为颗粒的弹性模量和粮堆的弹性模量两种;而粮食在受外力的作用下,粮食的体积随应力的增大而发生变化,变化时的应力与体积之比即为体变模量。

Shelef 和 Mohsenin 等(1967)通过拉伸强度试验研究了麦粒单轴压缩的力学特性,得到了麦粒的力—变形关系。Balastreire(1978)通过球形压头的压缩试验测定了玉米角质胚乳厚片在不同的含水量下的应力松弛特性,结果表明拉伸松弛模量与时间、含水量和温度等具有相关性。M. Liu 和 Haghighi 等(1989)通过建立广义的 Maxwell 模型研究了大豆及大豆种皮在不同温度、不同含水量下的黏弹性,并通过应力松弛、压缩、弯曲等试验测得了大豆子叶的松弛模量、极限压缩和拉伸强度等参数。Kamst(2002)对稻米的应力松弛进行了相关试验,结果表明稻米属于线性黏弹性体,变形速度的增大会导致其弹性模量和挤压强度的增大,温度、含水量的增大则会使之减小。曾长女等(2019)根据中国粮仓装卸粮的储粮周期,研究了不同条件下小麦的压缩特性。

由以上研究综述可知,在粮仓的设计中,仓内粮食力学特性的准确性对于保证筒仓设计安全、经济是至关重要的。尤其就筒仓设计而言,其仓体压力的分布规律及机理的研究充满挑战性。目前,大多数国家在筒仓设计中对筒仓压力的计算都是以Janssen理论为基础,采用Janssen公式可以方便地计算筒仓内的静态压力,Janssen公式只考虑了粮食的内摩擦角、粮食与仓壁的摩擦系数和粮食的重度等少量参数,对于动态压力难以准确计算。目前,筒仓采用修正的Janssen公式来计算筒仓内粮食卸料引起的动态侧压力,但其结果与实际压力有偏差,有时偏小的理论计算值便导致筒仓结构存在一定的安全隐患,发生不少筒仓卸料倒塌事故。当精细计算时,比如采用有限元法计算卸料时的筒仓动态侧压力时,则需要能够准确地反映材料本构模型的计算参数;如果采用离散元法计算时,也需要通过试验得到应力—应变关系以便对粮食细观参数进行标定;三轴试验能考虑初始条件,提供粮食应力—应变模型和内摩擦角等强度参数,为粮食力学特性的理论分析提供更为准确的计算参数。

而且,粮食的力学特性影响因素较复杂,装卸料储粮状态不同、储粮高度不同等都会影响其力学参数值。传统的粮仓设计往往不考虑储粮的密实度或孔隙率变化,也不考虑密实度或孔隙率变化引起的剪胀特性,规范仅在计算仓壁侧压力、仓体压力时考虑仓内储粮的容重、内摩擦角等作为不变的物理力学参数,并给出了参考值。为了更精细化的研究,部分学者给出了剪胀角、压缩的数值,但对于剪胀、压缩等的关键影响因素如密实度或孔隙率等的影响尚未见详细报道。目前,规范规定这些摩擦特性参数的获得往往采用的是直剪仪,其可简便地测定粮食的内摩擦角及其与仓壁的摩擦系数等,但直剪试验的缺点是剪切的破坏面是固定的,不能如实地反映出粮食的应力—应变关系。三轴试验仪作为常用的土工试验仪,可以对不同应力路径下的土体进行试验模拟,对于试样的制样也有成熟的方法,已有研究表明,应用三轴试验也可进行粮食的三轴试验研究,以便深入地研究粮食的力学特性。本书将就粮食的三轴试验进行探索,为粮食三轴试验的进一步深入应用提供基础。

1.2.2 粮仓与粮食相互作用研究现状

粮仓作为一种特种结构,广泛应用于粮食储藏中。粮仓与储料之间的相互作用十分复杂;同时,确定粮仓与储料之间在装料、运输、卸料等静力和动力作用下的相互作用是粮仓设计、粮食与粮仓相互作用等研究的基础。这其中尤以筒仓结构为研究重点，筒仓倒塌事故很多发生在筒仓卸料时的动态工况，此时仓壁动态侧压力会远大于静态侧压力，但目前尚未有统一的动态侧压力理论来阐述卸料时动压力增大机理，因此筒仓侧压力是历来研究的重点。

实际上，粮仓压力不仅包括仓壁侧压力，还包括仓底竖向压力。粮仓仓底压力的分布也是研究者和工程师关心的问题，其中尤以高大平房仓、浅圆仓的底部压力为研究重点。然而，目前对作用在仓底板上的竖向压力仍知之甚少，粮仓的设计一般都是基于粮仓底部的均匀压力，采用 Janssen 方程，忽略了粮仓与储料之间相互作用的影响。可见，研究储粮与粮仓的相互作用关系是精细化粮仓设计的基础。

1.2.2.1 筒仓侧压力研究现状

筒仓侧压力与筒仓的安全性有着十分密切的联系。当前，各国学者针对筒仓的侧压力做了一些研究，并且取得了一定的成果，目前仓壁侧压力的计算主要有 3 种方法：理论计算法、模型试验法和数值计算法。

(1)理论计算法包括各国规范法和理论模型法。规范法多基于 Janssen 理论公式的修正，这方面的研究集中在研究粮食物理力学参数。考虑不同影响因素的理论模型被提出，但目前尚未有统一的理论模型被广泛接受。

(2)模型试验法由于模型仓造价太高，模型仓试验主要用于研究新仓型侧压力、卸料时储料的流态等内容。

(3)数值计算法包括有限元法和离散元法。有限元法可研究仓壁侧压力分布规律，但进行卸料模拟时由于大变形的发生，只能模拟到几秒钟的卸料，无法再现实际卸料的整个过程。离散元方法通过控制每个颗粒的运动，可方便地模拟大变形过程，从细观颗粒角度研究仓壁与颗粒材料的相互作用。目前采用离散元法对颗粒形状(圆形、椭圆形等)、储仓的形状和材料(圆柱体、长方体、钢筒仓等)、离散元法适用性(二维和三维对比、细观参数的标定)、偏心卸料、流动模式、储料运动规律等内容都进行了研究。

1. 筒仓侧压力的理论分析方法

1)Janssen 公式

Janssen 公式是现在较为广泛接受的用来计算筒仓侧压力的理论，它是由 Janssen 于 1895 年推导出来的，在目前众多国家的筒仓规范中，大多采用 Janssen 公式对仓壁侧压力进行计算，并通过静态工况下的仓壁侧压力乘以超压系数来计算卸料时动态工况下的仓壁侧压力。Janssen 公式对于仓壁侧压力计算有以下假定：

(1)对于竖直方向上仓壁的侧压力来说,在同一水平高度上的值默认相等。

(2)散体任意一点的水平和垂直压力 p、q 的关系可以用一个式子表示：$p = kq$ (k 代表的是侧压力系数)。

(3)假设散体颗粒卸料时,在仓壁上获得的阻力为：

$$\tau = \mu' q + c_0 \tag{1-1}$$

式中 μ' ——散体材料与筒仓侧壁之间的摩擦系数,$\mu' = \tan\varphi'$,余同；

c_0 ——散体材料与筒仓侧壁之间的单位黏聚力。

(4)假设筒仓的深度没有限制(筒仓仓底对侧压力的计算不产生影响)。

(5)假定储料不可压缩。

Janssen 公式可以由静力平衡原理推算。

如图 1-1 所示,由竖向应力平衡可得：

$$qA + \gamma A\mathrm{d}y = A\left(q + \frac{\mathrm{d}q}{\mathrm{d}y}\mathrm{d}y\right) + \mu' p \tag{1-2}$$

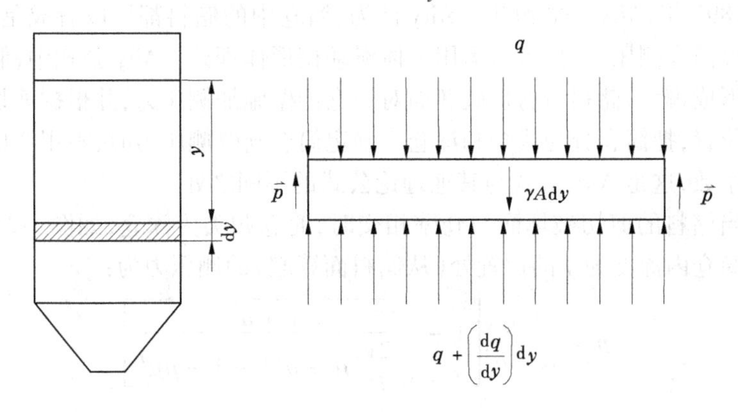

图 1-1 Janssen 公式计算示意

将式(1-2)整理可得：

$$\frac{\mathrm{d}q}{\mathrm{d}y} = \frac{\mu' p}{\rho - \gamma} \tag{1-3}$$

由 Janssen 公式的假设 $p = kq$,将式(1-3)中的 p 替换掉可得

$$q = \frac{\gamma\rho}{k\mu'}(1 - e^{-\mu' ky/\rho}) \tag{1-4}$$

$$p = \frac{\gamma\rho}{\mu'}(1 - e^{-\mu' ky/\rho}) \tag{1-5}$$

式中 p——储料垂直压力；

q——储料水平压力；

γ——储料重力密度；

ρ——筒仓的水力半径，$\rho = \frac{A}{U}$。

由于 Janssen 公式中需要假设的前提比较多，所以存在以下不足之处：

(1)在计算筒仓侧壁侧压力时，侧压力系数 k 值的大小与计算位置的高度以及荷载分布情况有关，而不是一个常量。

(2)Janssen 公式中，假定深度对公式的计算没有影响，没有考虑边界条件的影响。

(3)Janssen 公式只考虑了静态储料的情况，没有考虑动态卸料的情况，当计算动态侧压力时，需要乘以一个大于 1.0 的超压系数。

2)Airy 公式

1897 年，Airy 公式诞生。Airy 认为，筒仓中的储料都可以看成是土体，在计算筒仓侧压力时，可以运用土体滑动楔形体理论。Airy 公式中，假定储料内形成楔角，储料沿剪切破坏面对筒仓侧壁施加侧压力，并根据剪切破坏面的位置，把筒仓分为浅仓和深仓。确定筒仓仓壁侧压力时，不用考虑其侧压力系数，这是 Airy 公式与其他理论公式的不同之处。

当储料的剪切破坏面与仓壁相交时，筒仓归类为深仓，如图 1-2(a)所示。筒仓内深度为 y 的位置处(从储料面算起)的侧压力为：

$$p = \frac{\gamma D}{\mu + \mu'}\left[1 - \sqrt{\frac{1 + \mu^2}{\frac{2y}{D}(\mu + \mu') + 1 - \mu\mu'}}\right] \tag{1-6}$$

式中 D——筒仓直径。

储存竖向压力 $q = \frac{p}{k}$。

当储料的剪切破坏面与储料上表面相交时，筒仓归类为浅仓，如图 1-2(b)所示。筒仓内深度为 y 的位置处(从储料面算起)的侧压力为：

$$p = \frac{1}{2}\gamma y^2 \left[\frac{1}{\sqrt{\mu(\mu + \mu')} + \sqrt{1 + \mu^2}}\right]^2 \tag{1-7}$$

式中 μ——储料的内摩擦系数，$\mu = \tan\varphi$；

φ——储料的内摩擦角。

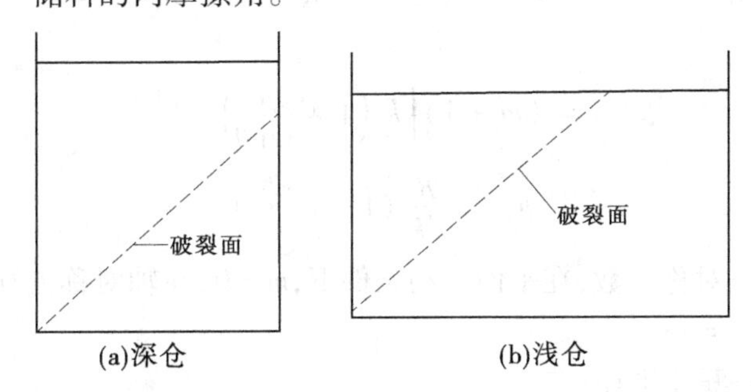

图1-2 筒仓储料破坏面示意

3) Reimbert 压力理论

1976年，Reimbert 利用试验材料砂，做了实际筒仓试验和该筒仓的缩尺模型试验。通过分析试验数据，考虑装料时储料的顶面是锥形面，推导出了筒仓在静态工况下的仓壁侧压力计算公式。

储料顶面以下 y 处的竖向压力为：

$$q = \gamma\left[y\left(\frac{y}{C} + 1\right)^{-1} + \frac{a}{3}\right] \tag{1-8}$$

储料顶面以下 y 处的侧向压力为：

$$p = p_{\max}\left[1 - \left(\frac{y}{C} + 1\right)^{-2}\right] \tag{1-9}$$

对于圆形筒仓，其中：$p_{\max} = \frac{\gamma D}{4\mu'}$；$C = \frac{D}{4\mu' k} - \frac{a}{3}$。

公式(1-9)只适用于装料和储料时筒仓的侧压力计算，且储料侧压力系数 k 的大小受筒仓高度和形状的影响。

1980年，Reimbert 推陈出新，综合中心和偏心卸料两种不同的方式，得出了筒仓动态侧压力和静态侧压力的比值，该比值的大小受储料属性和筒仓形状的影响。

4) Jenike 理论

1977年，Jenike 从圆形筒仓入手，研究了仓壁侧压力，他将筒仓结构拆分成两个结构：圆柱筒、漏斗，在 Janssen 公式的基础上，找出了最大侧压力与相关物理量之间的关系，Jenike 认为计算漏斗静态侧压力和动态侧压力时的 k 值不同：

$$\sigma_n = \gamma k_n \left\{ \frac{h_0 - z}{n-1} + \left[h_s - \frac{h_0}{n-1} \right] \left[\frac{h_0 - z}{h_0} \right]^n \right\} \tag{1-10}$$

其中

$$n = (m+1)\left[k_n \left(1 + \frac{\mu}{\tan\theta} \right) - 1 \right] \tag{1-11}$$

$$h_s = \frac{R}{\mu' k_n} \left(1 - e^{-\frac{\mu' k_n r}{R}} \right) \tag{1-12}$$

式中 m——对称系数，在平面流动条件下，$m=0$，在轴对称流动条件下，$m=1$；

R——漏斗半径；

z——深度；

θ——漏斗的倾角。

静力条件下：

$$k_n = \frac{\tan\alpha}{\tan\alpha + \mu'} \tag{1-13}$$

动力条件下：

$$k_n = \frac{2(1 + \sin\delta\cos2\eta)}{2 - \sin\delta[1 + \cos2(\alpha + \eta)]} \tag{1-14}$$

其中：

$$\eta = 0.5\left[\varphi' + \frac{\sin\varphi'}{\sin\varphi} \right] \tag{1-15}$$

式中 α——漏斗半顶角；

δ——漏斗斜面与水平面的夹角。

1987 年，Jenike 对筒仓内储料的流动形式做了进一步的分析，他指出对于整体流动和管状流动，筒仓储料的速度梯度拥有不同的值。当流动形式为整体流动时，速度梯度是不断改变的；当流动形式为管状流动时，速度梯度是无穷大或等于 0。

Jenike 推导的计算筒仓侧压力的公式是以 Janssen 理论为前提，通过改变侧压力系数 k 来分别得到静态工况下和动态工况下的仓壁侧压力。Jenike 认为，在卸料阶段，筒仓的动态侧压力系数等于储料的最大主应力与最小主应力之比，然而，并非所有的位置的储料都有最大和最小主应力，应力只存在于主平面上。Jenike 以侧压力平滑分布为前提,假定侧压力与流动形式没有必然联系,但现实生活中储料都具有一定的离散性,对仓壁产生的侧压力是非均匀的。

5)刘定华计算公式

1998 年,刘定华研究了 Janssen 和 Jenike 理论,分析总结出自己的科研成果,刘定华否定了筒仓仓壁侧压力与储料埋藏深度的线性关系,而是提出可以假设筒仓侧壁的侧压力系数符合二次函数,并考虑边界条件可以得到以下公式:

$$k_z = az^2 + b = \frac{k_b - k_a}{H^2}z^2 + k_a \tag{1-16}$$

式中 k_a——储料的主动侧压力系数;

k_b——储料的被动侧压力系数。

筒仓的侧压力为:

$$p = \gamma g k_z \times \exp[-(mz^3 + nz)] \times \sum_{i=0}^{\infty} \int \frac{1}{i!}(mz^3 + nz)^i \mathrm{d}z \tag{1-17}$$

利用式(1-17)计算得出的筒仓侧压力与实际试验得到的数据十分接近,但是侧压力系数满足二次函数曲线仅是刘定华的假设,并没有实际证据证明该假设的合理性。同时,侧压力系数的取值与很多因素有关,如储料的内摩擦角、散体的剪胀性和黏聚力,而刘定华的公式只考虑了内摩擦角这一个因素。

2. 筒仓侧压力的试验研究

从物理学兴起之初到如今科学盛行,试验是不可缺少的一个环节。试验数据能最真实、最客观地反映各种变化规律和理论,通过试验,控制某些变量保持不变,改变其中一种变量,得出该变量的影响规律,是常用的试验方法。试验能直观地反映物体的性质,客观地验证提出的公式及理论的正确性,并为数值模拟提供可靠有效的数据支持。众多学者对筒仓做过许多实仓试验和缩尺模型试验,主要研究方向集中在筒仓侧壁的静态侧压力和动态侧压力的测量,以及卸料时储料的流动形式,将得出的试验数据与理论公式、数值模拟进行了对比。

1938 年到 1940 年,苏联著名科学家和学术大师塔诃塔梅歇夫就深仓仓壁的侧压力做了一系列的室内试验。通过控制储料和筒仓的相关变量,如装料速率、出料口的开口位置以及筒仓的卸料方式等,得到了大量的试验数据，以此做出了一个复杂的筒仓应力分布(见图1-3)。

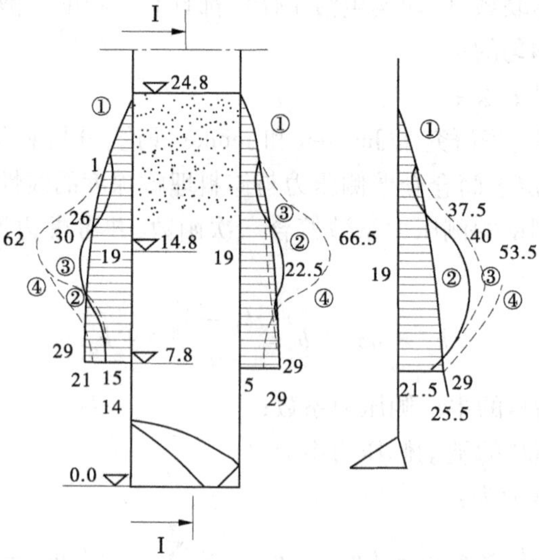

图1-3　塔诃塔梅歇夫试验筒仓应力分布

塔诃塔梅歇夫做了一系列的试验，获得了以下4个结论：

(1)当储料装满筒仓且分散装料的储料顶面呈现出平面时，筒仓静态工况下的仓壁侧压力分布较为接近Janssen公式的计算结果。

(2)当筒仓内的储料搁置时间较久后，仓壁的静态侧压力会出现稍微下降。

(3)筒仓处于卸料阶段时，筒仓整体1/3高度处的动态侧压力会加大，大小为原来的1.5～2倍，而此刻的筒仓仓底的侧压力则变小。

(4)在卸料时，如果仓壁出现开裂，那么动态侧压力会呈现出周期性变化，变化周期为6～25 min。

1999年，C. J. Brown分别用砂和大豆作为试验材料，利用方形筒仓，在装、储、卸料3种工况下，对方形筒仓的应力分布情况和受力情况作了分析，通过总结大量试验数据，得出了以下4个结论：

(1)当方形筒仓内存有储料时，筒仓侧壁会发生挠曲现象，导致同一高度处、同一侧壁上，静态工况下的仓壁侧压力在中间位置处比较小，在侧壁交接的地方数值最大。

(2)筒仓侧压力分布的规律与筒仓侧壁刚度有关。

(3)当方形筒仓装料时,储料会发生竖向压缩,导致竖向压力增大,而侧压力较小;当方形筒仓卸料时,储料会发生水平压缩,导致竖向压力减小,而侧向压力增大。

(4)在漏斗的中心处,法向压力较大,子午线上的摩擦力也较大,水平方向上的摩擦力较小。

1994年,刘定华等对大型的储煤圆筒仓以及冶金矿仓做了研究,进行了一个由有机玻璃制成的缩尺筒仓模型。筒仓仓壁高度600 mm,筒仓内径300 mm、壁厚5 mm,分别做3个具有不同直径的卸料口:115 mm、58 mm、58 mm,对应的有3个不同的筒仓漏斗倾角:65°、55°、60°。试验在该玻璃筒仓缩尺模型内壁两侧总共放置了12个压力传感器,直接测量筒仓内储料的压力。试验方案是先装料至满仓测量筒仓静态侧压力,然后再卸料,并全程监测筒仓的动态侧压力,通过选出某个监测点侧压力的最大值为该监测点的动态侧压力。试验得出以下结论:卸料工况下,散体储料如果处于整体流动状态,则筒仓的动态侧压力不受散体储料流速的干扰,且最大动态侧压力位于模型下部,其和最大静态侧压力的比值等于1.5。

1995年,刘定华对筒仓缩尺模型进一步试验,他认为筒仓的侧压力与储料的密度、内摩擦角以及外摩擦系数存在必然的联系。在试验之前,先对储料做试验以确定其物理力学性质,然后做筒仓试验并分析,筒仓侧压力的分布规律。对大量试验数据进行分析,获得结论如下:筒仓的静态侧压力可用Janssen公式来确定,但是系数k是用朗肯公式确定的,计算结果较实际试验测试数据小28%左右,不符合实际。刘定华推荐取用国际标准化组织(ISO)1991版草稿k值,$k=1.1(1-\sin\varphi)$,然后以该计算结果为基本压力,计算动态侧压力时,取超压系数为1.5~1.6。

1994年,山西大同新高山集运站要建两座筒中筒仓,刘定华课题组为该集运站做了相关的缩尺模型试验研究,建造真实大型筒仓做侧压力参数分析。缩尺模型和筒仓的比例为1:52,模型仓壁高52.5 cm,外筒直径为58 cm,内筒直径为15.5 cm,筒中筒仓有6个方形漏斗,边长均为2.7 cm×2.7 cm,漏斗壁坡度为50°。支撑筒为砖砌圆筒,筒内共设8个压力传感器,分布在仓壁正面和侧面。通过上百次装料和卸料试验,得出以下结论:筒中筒仓的储料静态侧压力比相同尺寸的单仓筒仓的储料静态侧压力小了近15%,而筒中筒仓的最大动态侧压力也要比单仓筒仓小,这说明筒中筒仓的结构更加安全。

2013 年,董承英对美国 GSI 钢结构公司的筒壁卸料波纹钢板筒仓进行一定比例的缩小,用有机玻璃制成 3 个筒仓模型,分别为仓底中心卸料的筒仓、普通侧壁卸料的筒仓和带流槽侧壁卸料的筒仓。通过大量试验,监测到筒仓的静态工况下和动态工况下的仓壁侧压力,对比获得结论如下:3 种形式筒仓卸料时最大动态侧压力均位于筒仓侧壁下部 3/11 位置处,其中带流槽筒仓的超压现象比较缓和,卸料时,在越靠近卸料口位置的地方,动态侧压力相对越小。卸料开始后,刚开始时储料是整体流动,之后变为管状流动。

2013 年,赵松研究了武汉青山区"7·9"筒仓倒塌事故,按比例进行模型试验,监测出的静态工况下、动态工况下的仓壁侧压力要比规范算出的数值大。根据储料的土拱效应,结合力学,总结出一套公式,可以方便地确定筒仓的仓壁侧压力。提出筒仓卸料时之所以出现超压现象,是因为储料的流动形式转变结拱形成的。动态侧压力数值之所以一会儿变大一会儿变小,是因为储料不断形成拱和拱的破裂造成的。

3. 筒仓侧压力的数值模拟

随着科技的发展和进步,人们对筒仓的储料和卸料模拟越来越成熟,主要方法有有限元模拟和离散元模拟。通过模拟结果与试验结果对比,找出模拟所需的参数,在此基础之上通过模拟,可以预测实际筒仓试验和工作时的侧压力分布情况,为筒仓的设计提供参考。

1)有限元法

有限元法是将连续的求解域分为非重合的有限个单元,对各单元假设近似函数,近似函数通常由未知场函数及其导数在单元各节点的数值插值函数来表达,使连续的无限自由度问题变成离散的有限自由度问题。归根结底,各类别的有限元方法,其实是采用了有差别的近似函数。通过有限元方法对筒仓储料和卸料进行模拟,可以很清晰地分析出筒仓各个位置的受力情况,但是由于储料的散体特性和有限元方法本身的限制,该方法不能很好地模拟散体储料的运动状态。

1998 年,曾丁选从连续介质的角度出发,对仓内储料选用摩尔库仑理想弹塑性模型,定义储料与仓壁为接触摩擦,对于带漏斗的筒仓结构进行了储料、卸料数值模拟。他是在静态模拟符合标准下,在静态模型上对去掉储料口约束,限定位移,进行卸料初期仓壁侧压力的有限元分析。

2000 年,Ayuga 与 Guaita 利用有限元软件 ANSYS 研究了筒仓卸料方式对仓壁侧压力的影响。他们假定材料满足 Drucker - Prager 理想弹塑性模型,利用两节点单元模拟颗粒与颗粒或者墙体之间的相互关系,利用轴对称四节点单元模拟受力,得出以下结论:由于 Drucker - Prager 模型本身的限制(理想弹塑性),计算结果受剪胀角和泊松比干扰较大;卸料时最大的侧压力出现在直筒与漏斗的交接处,且动态侧压力与该部位材料内摩擦角成反比;当偏心卸料时,距离卸料口位置越近,动态工况下的仓壁侧压力越小。

2003 年,Wojcik 用 ABAQUS 有限元软件分别模拟了中心卸料及偏心卸料,认为在偏心卸料时,筒仓漏斗处弯矩增大,内力增大,仓壁与漏斗连接处刚度对其有影响。

2011 年,段留省选用 ANSYS 有限元软件对筒仓进行 3D 非线性的筒仓漏斗出料口直径变化对仓壁法向接触压力和摩擦力影响进行分析,出料口直径的变化对整体压力影响不大,但对法向接触压力的最大值影响较大;出料口直径(6 ~ 10 m)越大,则法向接触力也越大,最大差值为 10.4% 。

2011 年,杨鸿等假定散料为各向同性,塑性阶段采用 Drucker - Prager 塑性模型,散料与仓壁之间的接触效应采用刚柔接触模型和面面接触方法,建立考虑散料与仓壁相互作用的钢筒仓静态散料压力三维有限元分析模型。对平底钢筒仓(浅仓和深仓)及锥底钢筒仓的散料压力进行数值模拟,并将数值结果与欧洲钢筒仓规范和我国粮食钢板筒仓设计规范进行对比分析,结果表明其对泊松比和内摩擦角的影响较大。

2017 年,张林杰等以某粮仓工程实例为背景,利用 ABAQUS 有限元软件对筒仓结构进行数值分析。模型中仓板和仓壁都采用四节点减缩积分壳单元 S4R,梁和柱采用三维两点线性梁单元 B31,仓板和仓壁合并成一个部件,梁和柱合并成一个部件,两个部件之间使用绑定约束组合成,对方仓在使用阶段的应力分布和位移变化进行数值模拟计算。

2)离散元法

离散单元法是一种用来模拟不连续散体物质的数值模拟方法,它是 Cundall 在 1971 年首先提出的。不同于有限元法,在离散单元法中,牛顿第二定律施加在每一个颗粒上,让颗粒可以按照设定的方式以现实中的物理力学特性运动,再通过动态松弛法进行迭代,计算出结果。离散单元法可以模拟散体在准静态或者动态条件下的各种形变。离散单元法提出初期,由于受微机科技水平的影响,发展缓慢。随着微机的运算能力爆发性增长,离散单元法的发展随之突飞猛进,关于筒仓方面的研究,许多学者和专家做出了一系列成果。

1996 年,周德义对储料、卸料时产生结拱现象进行了离散元数值模拟,他的模型生成了 731 个圆形颗粒,并假设块体单元为准刚性的圆形单元,在初始边界条件(力与位移)下,通过大量循环计算,得出了以下模拟结果:卸料时,储料结拱的难易与储料的内摩擦系数、颗粒大小以及黏聚力有关;当储料的内摩擦系数增大,黏聚力增大,储料粒径增大时,都会引起临界孔径的增大,使储料容易结拱;然而,卸料时的结拱高度与粒径成反比。

2006 年,陈长冰对深仓的储料和卸料进行了 PFC^{2D} 数值模拟,分析了静态侧压力和动态侧压力,通过离散元法动态松弛求解过程,推导出颗粒刚度公式,通过分层生成颗粒来模拟装料的过程,同时在颗粒平衡过程中没有给颗粒施加摩擦系数,加快了初始迭代速度,节约了计算时间,得出的静态侧压力接近试验数据和理论数据。卸料时,监测了筒仓的动态侧压力,并且分析了漏斗倾角开口大小、筒仓高径比、储料摩擦系数、储料密度、装料和卸料的形式等因素对侧压力的影响。

2011 年,陈小辉对储存煤的筒仓进行了 PFC^{2D} 离散元模拟,其建立的缩尺模型筒仓高 3 m,直径为 1 m,漏斗的高度为 0.6 m,卸料口的直径为 0.3 m。利用建造的数值模型进行计算,观察散体储料的宏观流形,获得以下结论:卸料时,一开始散体储料呈现出整体流动形式,然后又变化成中心流动形式,离轴心近的散体储料优先流出。在静态工况下,陈小辉模拟的仓壁侧压力的结果和 Janssen 值相似,而侧压力值在筒仓与漏斗交接处的偏差较大。卸料时的动态工况下,在散体储料卸出一段时间后,仓壁才会产生最大侧压力。漏斗内的竖向动态压力小于静态压力,整个卸料过程就是储料不断结拱和破拱的过程。

2014 年,丁盛威对武汉“7·9”筒仓倒塌事故做了研究,建立了试验模型,缩尺比例为 1∶10。然后利用 PFC^{3D} 建立缩尺模型,储料是铁矿粉。分析了散体储料分别在静态工况下和动态工况下的仓壁侧压力。在卸料过程中,观测了储料的流动形式,通过观察监测数据,分析了储料结拱的原因。然后又对储料的摩擦系数、漏斗倾斜角度和卸料口直径关于侧压力的影响做了大量模拟试验。

2017 年,史志乾等采用离散元 PFC^{3D} 方法,模拟了方筒仓的装料、卸料,并得到了侧压力变化曲线。通过装料作用下的侧压力值与 Janssen 理论值相符,标定方筒仓相应的细观参数。改变模型的细观参数,得出方筒仓静态侧压力大小与内、外摩擦系数反相关,与刚度变化正相关的结论。模拟方筒仓卸料,得到仓壁最大动态侧压力是静态侧压力的1.2倍。

1.2.2.2 筒仓卸料机理的研究现状

筒仓卸料时,因散体的不同物理性质会出现不同的流动形式。散体储料和流体的性质相似,在流动时他们都受到本身的质量、压力的影响,同时他们的内摩擦力,也称黏滞阻力,会导致材料在垂直于流动面的方向上出现速度梯度,从而导致了不同的流动形式。有的地方压力过大,会出现结块现象,导致材料堆积而出现死料区。要分析筒仓卸料时的动态侧压力,必须要先了解散体储料的流动形式,以便更好地分析卸料时的超压现象。卸料时,储料的流动形式分为4类:整体流动、漏斗形流动、管状流动和扩散流动。具体描述如下。

(1)整体流动。

整体流动是指在卸料时所有颗粒均匀移动,速度稳定,卸料时压力急速增加,筒仓内不易形成死料区。要形成整体流动,就要控制漏斗的倾角、筒仓直径或者利用机械设备处理。整体流动形式卸出的料密实度均匀,卸料速率稳定,卸料顺序先进先出,但是这种筒仓价格较贵,而且对筒仓的寿命有影响,会造成筒仓的磨损,不经济。

(2)漏斗形流动。

漏斗形流动出现的区域大致在卸料口以及其上部一定范围,并且容易在两侧出现死料区,在死料区的储料容易结块、变质、粉化,对储料不利。在不同流动条件下,漏斗形流动形式的形成方式相似,都是卸料时先形成较细的流动腔,一直延伸到储料表面,随着储料的卸出,流动腔的内径逐渐增大,最后形成稳定的漏斗形流动。这种流动形式的卸料速率不稳定,卸料密实度不均匀,储料先进后出,这种筒仓造价较低,卸料对筒仓的磨损较小,从而筒仓的寿命很长。

(3)管状流动。

管状流动是从漏斗一直延伸到主料面,形成一个流动腔,储料在流动腔内流动,而流动腔两侧的储料不流动,形成死料区。流动腔从下至上没有扩展到筒仓仓壁,即仓壁上始终有储料集聚,筒仓上部储料靠自然休止角向下流动。管状流动又称中心流动,属于特殊的漏斗形流动。

(4)扩散流动。

扩散流动指的是在仓底下方形成一个较陡的“漏斗”,漏斗以下是整体流动,同时这种流动方式向漏斗以上扩散,使得上部储料也进入整体流动。扩散流动是一种特殊的整体流动。

筒仓卸料时可能出现的流动形式可以是以上4种中的单独1种,也可能是两种或多种的组合。筒仓卸料的流动形式见图1-4。

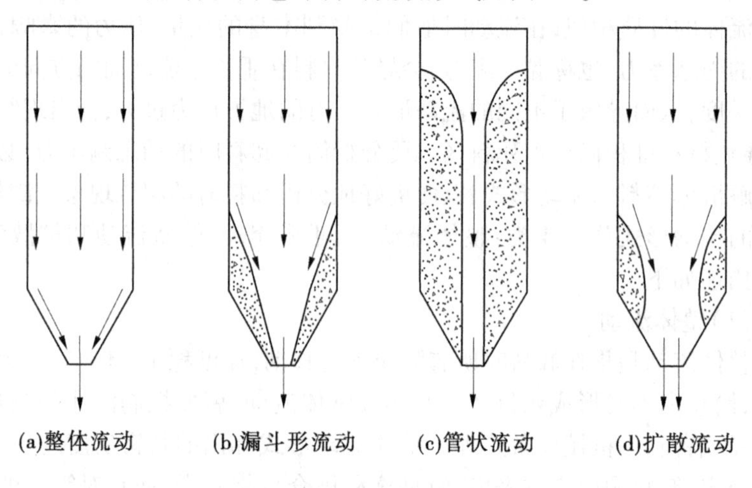

图1-4　筒仓卸料的流动形式

筒仓卸料时,侧压力会增大,筒仓侧压力增大会产生一系列安全隐患,究其原因,国际上没有得出统一的结论。卸料时,储料的流动形式、颗粒的变形和重新排列、储料结拱、密度变化等都会引起动态侧压力变化,已有研究提出了不同的卸料机理,以下总结列出现有关于筒仓卸料动态侧压力增大的理论。

1. 筒仓卸料时的结拱理论

筒仓在卸料时,储料会产生结拱现象,储料拱的产生会导致筒仓的动态侧压力变大,从而使筒仓处于超压状态,可能会产生一系列事故。究其原因,专家们一致认为,筒仓在卸料时,储料靠自身的重量难以下落,在筒仓内相互挤压,形成拱状,这个拱的下方不断坍塌,上方的散体储料又不断地填充,使拱处在一个动态平衡状态。在结拱到拱消失的过程中,上方散体储料不断下落,触碰到拱后,速度变为零,由惯性产生的惯性力会作用在拱上,再加上储料本身的重力,拱会承受相当大的力,由拱的受力原理可知,这些力会分散到水平方向,所以在拱角与仓壁接触点的动态侧压力会很大,从而产生超压现象。

筒仓卸料时的结拱会受到以下5个因素的影响:

(1)储存时间。随着储存时间的增加,储料在重力的作用下,颗粒之间的气体会慢慢溢出,颗粒之间的距离会减小,储料会更加密实,从而降低了储料的流动性,使其产生不同程度的固结。

(2)储料和筒仓的摩擦系数。当储料颗粒的内摩擦系数较大时,相应储料的流动性会降低。筒仓的摩擦系数较大时,会导致颗粒和筒仓接触位置产生黏滞现象,促使结拱现象的产生。

(3)储料湿度。如果储料的湿度较大,由于颗粒之间水的毛细作用力,会降低储料的流动性。

(4)温度。如果温度过高,会使储料颗粒产生膨胀,颗粒会更加密实,降低储料的流动性,产生固结。

(5)卸料时的震动。卸料时,由于机器的震动,会对储料的固结产生不同程度的影响。

要求得到拱面方程,需加设一个合理中面,这个面上满足3个条件:一是由于拱面上的颗粒不连续,所以拱面上不能承受弯矩的作用;二是在结拱的条件下,拱面上任意一点处的压力和与之垂直方向上的压力相等,且等于一个常量;三是由于拱面是一个中心对称形状,所以所有反对称的内力都等于零,即横向剪力、平错力和扭矩都等于零。满足以上3个条件的拱面可以称其为满足合理中面。通过推导获得拱面方程如下:

$$z = \frac{\sin\delta}{2R}(R^2 - x^2 - y^2) \tag{1-18}$$

式中 δ——储料的外摩擦角。

当x、y都等于零时,得到拱高方程:

$$h = \frac{1}{2}R\sin\delta \tag{1-19}$$

可以看出,拱高与拱的半径和储料外摩擦角有关(见图1-5)。

根据平衡力系推出筒仓的侧压力为:

$$P = \frac{qR}{2\tan\delta} \tag{1-20}$$

由式(1-20)可以看出,当拱面出现时,仓壁的侧压力与储料外摩擦角的正切值成反比,与储料由重力产生的均布压力、筒仓半径成正比。

2. 应力变换理论

Jenike 和 Johanson 于1968年做了关于筒仓卸料时侧压力增大的研究,

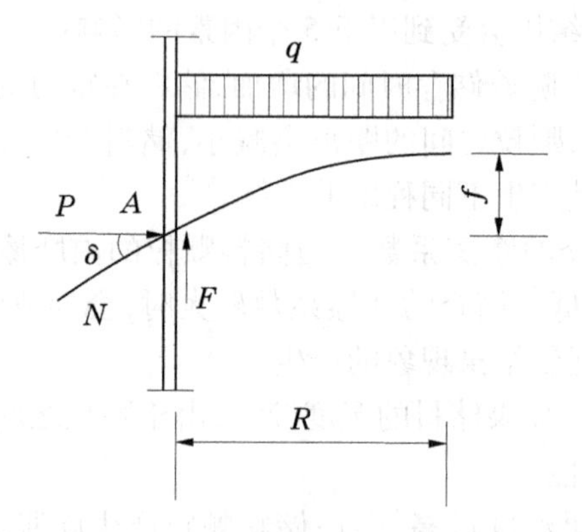

图 1-5　仓壁与拱面的平衡力系

认为卸料时，储料会从静态工况下的主动应力状态转化为卸料时动态工况下的被动应力状态。当不卸料时，储料处于主动应力状态，此时储料作用在仓壁上的水平侧压力小于储料的竖直压应力，用公式表示为 $P_{lc} < P_{vc}$。当筒仓卸料时，卸料口附近的储料变为被动应力状态，此时储料作用在仓壁上的水平侧压力大于储料的竖直压应力，用公式表示为 $P_{lp} < P_{vp}$。

Janssen 理论假定储料在静态和动态（主动应力状态和被动应力状态）时竖直压应力不变：

$$P_{vc} < P_{vp} \tag{1-21}$$

当储料处于主动应力状态时：

$$\frac{P_{lc}}{P_{vc}} = \frac{1 - \sin\varphi}{1 + \sin\varphi} \tag{1-22}$$

当储料处于被动应力状态时：

$$\frac{P_{lp}}{P_{vp}} = \frac{1 + \sin\varphi}{1 - \sin\varphi} \tag{1-23}$$

那么，卸料时动态工况下与静态工况下储料各自的水平侧压应力的关系为：

$$\frac{P_{lp}}{P_{lc}} = \left(\frac{1 + \sin\varphi}{1 - \sin\varphi}\right)^2 \tag{1-24}$$

但是此理论有一个缺点，那就是无法准确确定储料由主动应力状态转变为被动应力状态的触发条件和区域范围。

3. 卸料时储料膨胀产生超压

1980 年，Smith 和 Lohnes 认为筒仓卸料时侧压力增大是因为储料下降时在卸料口附近产生了横向体积增大现象。这就像岩土剪切破坏的原理，把储料看成是固定不变、密度均匀的岩土，当卸料时，由于竖向剪切力的破坏，储料会发生剪胀现象，使得筒仓在动态工况下的仓壁侧压力大于静态工况下的仓壁侧压力。

1993 年，关于筒仓卸料侧压力增大的研究，在 Smith 的研究基础上，Xu 等做出两个假设：一是储料的剪切为带有许多锯齿表面的刚性块的竖直剪切，如图 1-6 所示；二是散体储料颗粒大小相等，相互排列成六边形，如图 1-7所示。因此，在卸料时颗粒因剪切而导致横向膨胀。

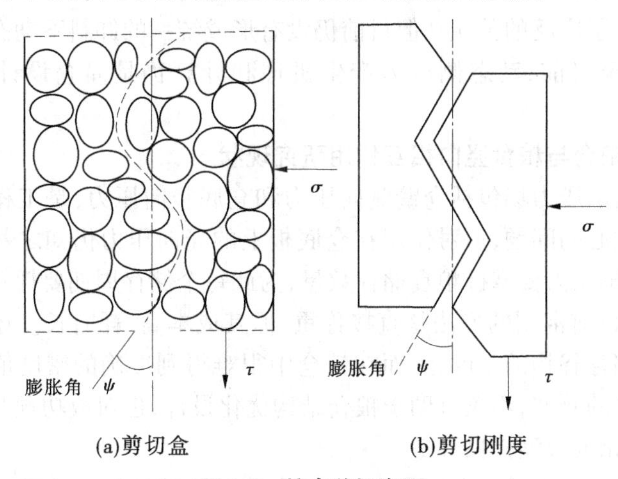

(a)剪切盒 (b)剪切刚度

图 1-6 粮食剪切表面

在以上两个假设的基础上，Xu 推导出了增加的动态侧压力为：

$$P_{\mathrm{dl}} = E\left(\frac{d}{\theta} - \frac{d}{D}\right)(1 - \sin\gamma)\,\mathrm{e}^{\mu y/R\tan^2\gamma} \tag{1-25}$$

式中 E——储料的弹性模量；

D——筒仓直径；

d——储料颗粒粒径；

θ——储料剪切瞬时刚块宽度；

γ——储料颗粒间的结构角。

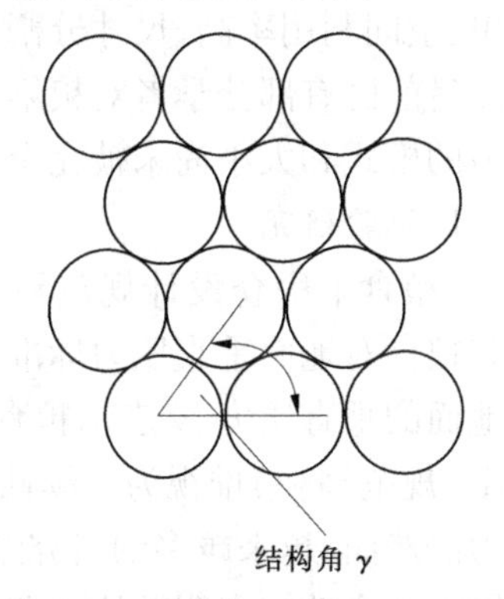

图 1-7 粮食颗粒间六边形结构

4. 筒仓卸料时储料流动形式的转变

筒仓卸料时流动形式可能有不止一种，上方储料与下方储料的流动形式会相互影响，上方中间部分的储料会由于下方储料管状流动失去平衡，导致上下方储料产生间隙成拱，储料结拱导致筒仓侧压力增大。

5. 粮食碰撞理论

1991 年，Kmita 认为筒仓卸料时侧压力会增大的原因是颗粒之间的碰撞。由于颗粒与颗粒之间的碰撞、颗粒与仓壁之间的碰撞，会对仓壁造成冲击力，进而增大筒仓的侧压力。但是这个理论未提供侧压力的计算方法。

但是，筒仓内应力变换是难以预测的，粮食结拱也很难试验再现、粮食碰撞力计算也没有计算方法。而对于剪胀理论，自 1980 年 Smith 和 Lohnes 提出后获得了广泛的关注。但目前仍没有形成统一的卸料下动态侧压力剧增机理，截至目前，动态侧压力产生机理和计算仍是筒仓设计热点问题之一。

1.2.2.3 粮仓与粮食竖向相互作用研究现状

粮仓内部压力场包括仓壁侧向压力和仓底竖向压力，是工程界和研究人员十分关心的问题，但对作用在仓底板上的竖向压力仍知之甚少。在粮食储存中，国家需要掌握粮食储存数量，为此每个储存周期要耗费大量的人力、物力。目前常用的方法是直接称重，但其成本高、耗时长。还有一种方法是测量储存谷物的密度，然而在粮仓中很难得到准确的密度值。对粮堆底部压力场的研究，不仅有助于粮仓结构优化设计，也对成功预测粮食储存数量、构建相关模型提供参考。

底部压力通常是高大平房仓、浅圆仓等长期储粮粮仓的重点研究问题之一。平房仓大部分以矩形结构为主，矩形粮仓与圆形粮仓相比，具有制造简单、空间利用率高、尺寸分割容易等优点，广泛应用于长期的粮食物料储存。目前已有部分学者对粮堆底部压力进行了数值模拟分析，而仓底竖向压力的模式和大小尚未被完全了解，尺度效应仍然是模型试验的重要参数。

1. 试验研究

《粮食平房仓设计规范》(GB 50320—2014，简称《规范》)给出了平堆散装粮食对地面垂直压力标准值的计算公式，即 $p_v=\gamma s$，其中，p_v 表示粮堆对地面的垂直压力，γ 表示粮食容重，s 表示粮堆深度。由此计算公式不难看出《规范》将粮堆视为连续性介质，采用流体压力理论计算其产生的竖向压力。然而，越来越多的研究结果表明，散体有着奇异的力学特性，如大家熟知的粮仓效应表明散体有着不同于流体的特性。近些年来，人们开始逐渐关注散体的精细力学行为，逐渐认识到散体的一些特性不能用一般的固体力学理论和流体力学理论来解释。粮食作为一种大宗散体物料，与人们的日常生活、工业生产紧密相关，粮食是一种典型的散体介质，具有散体的基本特性。《规范》将粮食作为一种理想的连续性介质，忽略了粮食颗粒的离散特性，显然是不尽合理的。因此，粮堆底部压力分布的真实情况仍然是未知的。虽然《规范》给出的粮堆底部压力计算公式能够满足工程设计的要求，但是不利于揭示散体真实的力学特性，也不能为其他基于散体力学的应用研究提供理论支撑。

粮食平房仓平面尺寸较大，能够形成大体积粮堆，能够更充分地反映粮堆的散体力学特性，将其选为试验对象具有一定的优越性。因此，有些学者对散装粮平房仓粮堆底部压力进行了现场实测与分析，探索散粮堆底部压力的分布特性。

王录民等（2013）采用振弦式压力传感器对散粮堆底部压力进行现场实测研究，探索振弦式压力传感器用于粮堆介质压力测试的性能以及粮堆底部压力测试方法，重点研究了粮堆底部压力与粮堆高度之间的关系。试验结果表明：振弦式压力传感器可以用于粮堆底部压力的定性分析；在理想进粮工况下，单点粮堆底部压力与粮堆高度之间近似呈线性关系，但是同样粮堆高度下不同位置处的压力差异明显，粮堆底部压力分布整体上是非均匀的。陈家豪等（2016）对高大平房仓散装粮粮堆底部压力进行了试验，研究了粮堆底部压力的分布规律，探讨了仓壁摩擦对粮堆底部压力的影响范围和影响程度，建立了粮堆底部压力与粮堆高度之间的关系。

2. 数值模拟研究

目前，应用于模拟仓壁与散料之间相互作用的数值方法主要有有限元法（FEM）和离散元法（DEM）两种。有限元法发展较为成熟，其计算结果与精度为广大工程师所接受；离散元法作为一种相对较新的数值方法，基于对单个颗粒体力学行为进行研究，也可应用于模拟仓壁与散料散粒体之间的相互作用。在采用有限元方法分析筒仓与散料之间的静力相互作用时，国内外多数学者都假定散粒体为各向性，并利用 Drucker - Prager 理论中黏性系数、内摩擦角和膨胀角 3 个参数来考虑散料的塑性变形阶段。

周长东等（2015）对钢筋混凝土筒仓仓壁与散料颗粒之间的静态压力作用进行有限元模拟；仓内散料颗粒与仓壁之间的相互作用采用基于库仑摩擦定律的面面接触关系，利用 ABAQUS 软件所建立的有限元模型，对筒仓—散料静力相互作用进行数值模拟，表明了散料颗粒的种类、初始孔隙比、仓内散料临界内摩擦角、颗粒硬度和颗粒间应变对筒仓—散料静力相互作用影响较大。陈家豪等(2019)对高大平房仓散装粮粮堆底部压力进行离散元模拟,并与试验结果、规范值进行对比,研究了粮堆底部包括竖向压力、水平压力和竖向摩擦应力等在内的底部压力的分布规律,研究了粮堆底部竖向压力与粮堆堆积高度之间的关系,结果表明离散元软件 PFC^{3D}能够很好地模拟粮堆底部压力的非均匀性。许启铿等(2017)进行了散粮堆底部压力颗粒流数值模拟分析,在前期散粮堆底部压力现场试验研究的基础上,利用 PFC^{3D}软件建立了相应的颗粒流数值模型,对散粮堆底部压力进行数值模拟分析。根据数值模拟得到的数据,利用 MATLAB 绘制了散粮堆底部压力分布三维网格图,直观地反映散粮堆底部压力分布形态。数值模拟结果表明,散粮堆底部压力分布是非均匀的,与现行的《粮食平房仓设计规范》以及传统的连续介质力学理论有所不同。数值模拟结果与前期现场试验结果基本吻合,进一步证实了散粮堆底部压力非均匀分布的特性,加深了对散体力学特性的认识和理解。

1.3 主要研究内容

通过对现有粮仓、储粮工程、理论问题的研究综述,结合本书研究重点,主要从以下几方面开展研究。

(1)粮堆孔隙率测试方法研究。

采用公式计算法和压力试验法,研究麦堆的孔隙率大小。采用公式法时小麦的比重是重要参数,但现有规范测试比重时具有很大的局限性,根据现有规范中粮食比重试验的缺陷,探索小麦比重测试方法;研究测试溶液、测试用小麦质量等对小麦比重的影响,获得测试小麦比重的试验方法,并采用公式法直接计算粮堆孔隙率。采用改进的压力试验仪器,施加不同压力测试孔隙率的范围。分析不同影响因素下孔隙率分布规律,并与理论值进行对比,分析孔隙率的空间分布规律。

(2)粮食剪切特性的三轴试验研究。

对小麦进行三轴剪切试验研究,探讨不同影响因素下小麦应力—应变关系,三轴剪切试验中小麦强度参数从内摩擦角和黏聚力两方面分析,探讨不同影响因素下小麦强度参数的变化规律。

(3)粮食三轴试验离散元模拟。

通过建立小麦三轴试验离散元数值模型，得到小麦应力—应变曲线，并与室内小麦三轴试验结果对比，标定 PFC^{3D} 中小麦的法向和切向刚度、摩擦系数等细观参数，研究各个细观参数对宏观参数的影响，分析三轴试验中小麦的剪胀性。

(4) 筒仓装卸料的离散元模拟。

基于上述获得的小麦细观参数，建立筒仓模型，利用分层装料的方式模拟实际装料过程，分析储料孔隙率随深度的变化规律。基于上述模型进行筒仓卸料模拟，得到筒仓卸料的动态侧压力，同时研究漏斗的倾角、卸料口的大小、颗粒的内摩擦系数和外摩擦系数以及装料形式等因素对筒仓卸料动态侧压力的影响。

引入孔隙率描述储料剪胀特征，从而研究储料的剪胀性与筒仓动态侧压力增大机理的关系。卸料时，颗粒之间发生相互碰撞和相互挤压，导致储料变密实，孔隙率减小，当孔隙率减小到一定值时，储料会发生剪胀现象，孔隙率增大，颗粒向两侧膨胀，而筒仓仓壁阻碍这种膨胀，使得筒仓的动态侧压力增大，从而产生超压现象。

第 2 章　小麦孔隙率测试

2.1　引　言

粮食籽粒聚集形成粮堆，包括粮粒（约 60%）、杂质（有机、无机）、一定数量与品种的粮食微生物、昆虫与螨类、粮粒孔隙（约 40%）。粮堆关系着粮食储藏，又可分为散装粮堆、包装粮堆和围包散装等。孔隙率定义为粮粒孔隙在粮堆总体积中所占比例。粮食储藏过程中，从粮堆层面来看，粮堆中的孔隙是指粮堆中粮粒之间的细小孔隙，正是以此为根本，粮食才能够在保存中具有生物活性、呼吸作用、水分和热能互换等。从粮粒层面看，构成人们所说的孔隙还包括粮粒内部结构中存在的微孔，虽然这些微孔在整个粮堆孔隙率中占的比例较少，但它的作用却比宏观孔隙的作用复杂得多。这些微孔是粮食进行生物活动以及物理特性得以体现的基础，而且和粮食干燥过程密切相关。粮食作为散体，粮堆颗粒间有相当程度的孔隙，通常为粮堆总体积的 35%~50%。孔隙可以确保粮堆里外气流开展湿热互换和保持其基本生存环境。通风情况下，粮堆里外气体进行互换，粮堆内的热量、湿气大大减少，使得储藏条件更好。

粮堆孔隙率与颗粒状态、尺寸、外部状况、水分、杂质特性和质量以及保存环境等有关。粮堆孔隙率决定了储粮生态环境中粮堆气流运动交换的情况，是储粮生态环境中粮粒保证正常生命活动的重要因素。目前关于粮堆孔隙率，基于基本参数的公式法计算和压力法分析这一领域研究并不多见，孔隙率影响着仓壁侧压力值及其产生机理，也是储粮通风的关键参数，对粮食的储藏、加工和粮仓结构的设计，以及粮食安全有着极其重要的作用。

2.2　小麦孔隙率的测试方法

物体孔隙率的测试方法可采用直接测试法和间接法获得。直接测试法采用的是密度法、气体膨胀法、吸渗法、压汞法等进行直接测试获得。间接法包括公式法、压力法、数值模拟等方法。

2.2.1　直接测试法

直接测试往往采用试验直接测试其孔隙所占的比率，前述已经综述了测试方法中对于粮仓的就仓测试技术较少，也往往不够精确或现场实仓难以实施。其他材料（如岩体）测试中也有直接测试方法，但其参考价值并不大。因此，粮仓直接测试法存在较大的困难，需要从试验仪器、试验方法等诸多方面进行突破，目前来看，在实仓中进行粮堆内部孔隙率的测试困难较大。有必要探求其他的间接测试方法，获取粮堆内部孔隙率分布规律，为仓体压力、通风设计等计算提供基础参数。

2.2.2　间接法

2.2.2.1　基于比重、容重的孔隙率计算

粮堆孔隙率的计算公式为：

$$n = \left(1 - \frac{r}{G_s}\right) \times 100\% \tag{2-1}$$

式中　r——容重；

G_s——比重；

n——孔隙率。

公式法直接计算涉及粮食容重、比重的基本参数，下面就这些基本参数的研究进行简要叙述。

1.粮食容重的研究

粮食颗粒所处单元体积重量叫作容重，单位为 g/L。散粮储藏容重是获取其保存量多少的基本参数，其数值的精准计算是我国粮食管理单位用来清算检查和核对储粮总值的根本。容重是粮食品质优劣的概括体现，其大小与粮食颗粒所处特定容积内质量相关。陈福海等研究了用简易方法测定小麦容重，得到测定结果和标准值误差在允许范围内。姜武峰等研究了影响粮食容重测量准确性的成因，粮食质量的好坏、水分、杂质含量的大小都会影响粮食容重。一般粮食颗粒较好，容重就高；水分小，容重就大；有机杂质多，容重就小；无机杂质多，容重就大。综上所述，国内外关于粮食容重测量的研究具有一定参考价值，特别是一些新技术、新方法，开阔了思路，为容重测量提供了更多可能。但目前的研究成果仍无法满足人们对粮堆孔隙

率研究的现实需要。

当粮食清算检查实物时，采取测量计算法得到的粮食储藏容重（粮堆平均密度）是评定粮食处于自然状态时的密度再乘以通过标准仓确定的修正系数得到的。实际操作过程中，由于存在测量误差，给粮食储藏容重的准确计算增加了障碍。由于未能合理把握粮食储藏容重的变化规律，缺乏准确的计算方法，给实际的清仓查库工作带来了诸多困难，使得测算结果的准确性难以保证。因此，系统研究散储粮在入仓和储藏期间的容重变化规律、掌握粮食储藏容重与粮堆孔隙率的关系是十分必要与迫切的。

2.粮食比重的研究

《土工试验规程》（SL 237—1999）规定土颗粒比重为土粒在 105~110 ℃下烘到稳定质量与同质量 4 ℃纯水质量之比。一般用比重瓶法（粒径<5 mm）、浮称法、虹吸筒法（粒径>5 mm）来测试土粒比重。而国外规范规定用 500 mL 的比重瓶与 150 g 标准样品进行测定。小麦等粮食比重的相关文献研究并不多，刘保华等对小麦籽粒比重测试利用体积排除法，称取 30 g 小麦籽粒，并采用 50 mL 的量筒进行测试研究了小麦籽粒比重的基因克隆。丁耀魁等研究了称样 2~20 g、量筒精度、乙醇液浓度等对粮食相对密度的影响。

《粮油检验 粮食、油料相对密度的测定》（GB/T 5518—2008）规定，粮食比重为固定绝对体积粮食重量与同重量水的比值，可采用量筒法或比重瓶法测试。采用量筒法测试时，规定在 20 mL 的量筒中试样质量为 5 g，采用比重瓶法测试时试样质量为 10 g。国外规范规定用 500 mL 的比重瓶与 150 g 标准样品实施测定。由上述分析可见，对不同研究对象的颗粒大小，不同规范规定的比重试验的取样质量有较大差别。现有文献中关于粮食比重试验没有深入研究比重试验的取样质量和酒精体积这两个关键参数，可能会导致测试结果的较大差异。小麦颗粒比土颗粒大得多，因此比重试验中《粮油检验 粮食、油料相对密度的测定》推荐的试样质量有待进一步研究，以便获得可靠的小麦比重值、推荐的比重试验取样质量和酒精测试体积，对工程用于理论分析提供精确数据，进一步为粮堆孔隙率的研究获取合理的计算参数。

2.2.2.2 基于固结变形公式计算（压力法）

该法是用改进后的固结仪进行压缩试验而进行的。下面就压缩试验进行简要叙述。关于孔隙率研究的压力法就是通过压缩试验进行分析，在外力影响下,由于粮食内部应力产生的不同,造成其原本特征(高度、体积、形状、密度等)不一样,这就是粮食压缩特征。粮食压缩特征的两个重要表现参数为弹性模量和体变模量。这两个模量反映了粮食压缩特征的关键指标。弹性模量有关外力作用,粮食长度沿着力的方向出现弹性改变,是变化应力与应变的比值。粮食弹性模量包括籽粒弹性模量和粮堆弹性模量。体变模量为外力影响下,粮食的体积在应力加强的同时发生变化,变化时应力与体积变化的比值。马小愚(1988)探究了关于大豆颗粒受到撞击、接触时水分与种类对于力学特性的影响作用。袁月明等(1996)开展玉米籽粒力学特性探索,逐一对玉米籽粒与每组力学特性开展撞击破裂测试,分析水分和品种对损毁力的影响作用;得到玉米颗粒沿着力的方向的抗损毁性质表现出显著差异,抗损毁性质是角质胚乳与种皮的力学特征;水分减小时,籽粒损毁力增大,变形亦变小。张洪霞、马小愚利用测试获得大米压缩力学特征,如弹性模量、破坏力与破坏应力等;结果显示不同的大米颗粒间弹性模量相差较大,破坏力相差更大,破坏应力变化较小。Shelef 等(1967)利用拉伸强度测试研究麦粒单轴压缩力学性质,获得颗粒力与变化作用。Balastreire(1978)利用球形压头压缩试验研究玉米角质胚乳厚片多个含水率时的应力松懈性质,数据显示其拉伸松弛模量与时间、含水率和温度等都有影响。Liu 等(1989)利用 Maxwell 方法研究大豆与大豆种皮在不同温度、含水量影响下的黏弹性,利用应力松懈、压密、弯曲等测试获得大豆子叶松弛模量、极限压缩、拉伸强度等参数。Kamst(2002)针对稻米的应力松弛开展相关试验,结果显示其属于线性黏弹性体,变形速度的增加会导致弹性模量与挤压强度的增加,而对温度、含水量的增加会起相反作用。可见,粮食的压缩对孔隙率的影响较大,可通过压缩试验研究不同压力条件对孔隙率的影响,并可能获得不同压力下的稳定孔隙率,从而可能获得最密实的试验,即最小孔隙率。

关于孔隙率研究的压力法就是通过压缩试验分析得出的,现有文献大多是对于弹性模量、摩擦系数、体变模量、应力—应变关系等的研究,但对于压缩试验分析的粮堆孔隙率变化研究并不多见,需要进一步的探索。

2.2.2.3 基于 PFC^{3D} 的数值法

粮食颗粒比土颗粒大得多,现有固结仪器不能满足粮食颗粒试验,可根据加载轴向作用力相同的原理扩大压缩盒内径对仪器进行改装,试验时换算压力。目前,离散元法已被广泛地应用于颗粒材料分析中,比如三轴试验模拟、压缩试验模拟。

采用 PFC^{3D}数值法，在粗粒土等方面的研究比较多，而对于粮堆孔隙率的研究还很少。小麦颗粒的细观特性决定了小麦的宏观特性，采用离散元颗粒流的方法对粮堆的孔隙率进行研究，从而分析出在室内压缩试验达不到的条件下孔隙率的变化规律，为生产和发展所用。

粮食与砂土具有相似的散体性质，对粮食散体的孔隙率进行试验，为粮食力学参数的使用及粮堆孔隙率的变化规律提供基础。本书主要采用间接法，通过实验室内试验和数值分析方法解决上述问题并且研究粮堆孔隙率的大小变化，有助于更全面地认识和理解散体物料的力学性能，为相关领域的研究提供参考。目前针对粮堆孔隙率的研究还不完善，需要开展系统的研究为粮食工程提供力学参数。

实际储仓中，储粮容重随高度不同而变化，且卸料时孔隙率随着储粮高度和卸料过程是变化的，对于粮堆内部孔隙率采用直接测试法难以实施，有必要寻求新的方法进行研究。本章尝试采用基于室内试验的间接法进行探究，主要内容有：

（1）根据现有规范中粮食比重试验的缺陷，探索小麦比重测试方法，研究了测试溶液、测试用小麦质量等对小麦比重的影响，获得测试小麦比重的试验方法，并采用公式法直接计算粮堆孔隙率。

（2）参照土工试验规范，采用落雨法测试小麦堆的最大孔隙比，并重复 5 组试验取平均值获得粮堆孔隙率的最大值。

（3）采用改进的压缩试验仪器，进行小麦堆的压缩试验，对每级压力下得到的孔隙比进行分析，做出 e—p 关系曲线、e—$\lg p$ 关系曲线，分析孔隙率随压力的变化规律。

（4）由于试验压力有限，孔隙率可能并不能趋于平衡，采用 PFC^{3D}离散元数值模拟对小麦压缩试验进行模拟，加大施加的压力，获得更大范围压力下的麦堆孔隙率变化规律，并分析孔隙率的空间分布规律。该部分内容将在第 4 章中进行讨论。

2.3 基于小麦容重、比重的粮堆孔隙率测试

在实验室小麦分析工作的基础上，对容重、比重基本参数进行测试，确定小麦容重、比重参数，利用公式直接计算的方法，获得粮堆孔隙率。采用

公式法时小麦的比重是重要参数,但现有规范测试比重时采用的是比重瓶法,由于比重瓶自身构造原因无法进行很大质量的试验。本书着重研究比重试验方法,并在此基础上计算出麦堆孔隙率。该方法的研究与实现,其理论意义在于:目前利用仪器对粮堆孔隙率进行一定的测试和应用的方法尚有待研究。其成果有助于储藏条件下粮堆孔隙率的研究。其应用价值在于:由于粮食储藏条件和粮食内部成分的复杂性,尚未解决的问题也较多,建立利用基本参数进行直接计算的方法获得粮堆孔隙率,对研究粮食储藏、粮食加工、粮仓设计有一定现实意义。本书选取小麦为研究对象,进行相关研究,其他粮食可参考该法。

2.3.1　试验材料及试验仪器

2.3.1.1　试验材料

根据我国小麦产量和产区,选取了典型地区的小麦进行试验,主要包括河南省(驻马店市、郑州市、安阳市)、河北省石家庄市、黑龙江省牡丹江市共 5 个地区的小麦(其中容重试验只选用了郑州市小麦)。试验用小麦按规范规定进行筛层,为了保证试样相同的含水量,将试样进行反复吸水和干燥,测试用小麦含水率为 11.6%。试验用小麦的基本指标如表 2-1 所示。

表 2-1　试验用小麦的基本指标

产地	收获年份(年)	初始含水率(%)	试验前含水率(%)	粒长 a (mm)	粒宽 b_1 (mm)	粒厚 b_2 (mm)	$b=(b_1+b_2)/2$ (mm)	平均 a/b
河南驻马店	2014	11.60	11.60	6.2	3.6	2.8	3.2	1.94
河南郑州	2014	11.90	11.60	5.9	3.4	2.7	3.05	1.93
河南安阳	2014	12.00	11.60	6.4	3.5	2.9	3.2	2
河北石家庄	2014	11.00	11.60	6.7	3.7	3	3.35	2
黑龙江牡丹江	2014	10.90	11.60	5.7	3.2	2.6	2.9	1.97

2.3.1.2 试验仪器

1.小麦含水率

测试原材料为小麦堆，产地分别为河南省（驻马店市、郑州市、安阳市）、河北省石家庄市、黑龙江省牡丹江市。以下为小麦含水率试验所涉及的仪器。

（1）FW-100 高速万能粉碎机，产自北京中兴伟业仪器有限公司，如图 2-1所示。

（2）101 型电热鼓风干燥箱，产自北京永光明医疗仪器有限公司，如图 2-2所示。

（3）AL204 型电子分析天平（精度 0.000 1 g），产自梅特勒-托利多仪器（上海）有限公司，如图 2-3 所示。

图 2-1 FW-100 高速万能粉碎机

图 2-2 101 型电热鼓风干燥箱

2.小麦容重

测试原材料为小麦（天然含水率 11.6%），产地为河南省郑州市。下面是容重测试涉及的仪器。

（1）HGT-1000 型容重器，产自上海东方衡器有限公司，如图 2-4 所示。

（2）电子天平（精度 0.01 g），产自常熟市衡器厂，如图 2-5 所示。

3.小麦比重

测试原材料为小麦（天然含水率 11.6%）。测试涉及的仪器主要有电子天平(精度0.01 g),产自常熟市衡器厂;不同刻度的量筒(见图2-6);滴管。

图2-3　AL204型电子分析天平

图2-4　容重器

图2-5　电子天平

图2-6　量筒

2.3.2　试验原理及方法

2.3.2.1　小麦含水率

小麦水分是样品 105～110 ℃时烘至恒值丧失水质量与定值干小麦质量之比，用百分数记。小麦含水率按照《食品安全国家标准 食品中水分的测定》(GB 5009.3—2016)中要求的方法进行试验，取 20 个试样，取其平均值。

$$\omega = \frac{m_1 - m_2}{m_1 - m_0} \times 100\% \tag{2-2}$$

式中　m_0——烘后铝盒质量，g；

m_1——试验前样品与铝盒总质量，g；

m_2——烘后样品与铝盒总质量，g；

ω——含水率。

通过测定可知，本书所采用的小麦试样天然含水率各不相同。为了使试验在统一含水率下进行，通过控制干密度 ρ_d 中的干质量 m_d 计算不同等级含水率所需加入水的质量进行大致配定，经过 48 h 待试样吸水均匀后，分别依据《食品安全国家标准 食品中水分的测定》(GB 5009.3—2016)测定其含水率为 11.6%。同时，通过在烘箱中 60 ℃烘干特定质量的小麦约 6 h，从而得到含水率为 11.6%的小麦试样。

$$m_d = m(1 - \omega) \tag{2-3}$$

$$m'(1 - \omega') = m(1 - \omega) \tag{2-4}$$

式中　m——已知含水率小麦质量，g；

m'——加水后待测含水率小麦质量，g；

ω——已知含水率；

ω'——加水后配定含水率。

最后获得本次小麦含水率为 11.6%。含水率的高低直接影响着小麦的加工、储运及相关食品的制作，同时也会对小麦的其他特性产生不同程度的影响。过高时，小麦堆内部因为发热而出现霉变，所以只有合适的含水率才能使得小麦在生产、储运及后期加工程序圆满完成。小麦中水分的存在形式有两种：游离水和结合水。小麦内部含水率为 14%～15%时就会有游离水，含水率小于 13.5%，水分呈结合水状态。游离水在小麦籽粒内部极不稳定,它的存在不利于小麦的储存,因此小麦的含水率减少到结合水范围内时,小麦籽粒才能处于休眠状态,才有利于小麦的储藏。

2.3.2.2　小麦容重

根据《粮油检验 容重测定》(GB/T 5498—2013),采用 HGT-1000 型容重器对小麦的容重 γ(容重是指单位体积内小麦对应的质量)进行测定。对河南省郑州市小麦取样 30 份,按照仪器说明进行操作,每份小麦样品测试 10 次,并且对仪器容量筒直径、高度、容积及称量精确度进行校验。根据国家规范对小麦容重器双试验误差 3 g 的规定、测试结果平均值与标准方法测试平均值差值与台间差是否符合要求、试验结果离散等性质实施全面考核。

2.3.2.3　小麦比重

采用《粮油检验 粮食、油料相对密度的测定》(GB/T 5518—2008),使用量筒法测试小麦比重 G_s。针对不同质量小麦的试样,设计了不同试样质量和酒精体积对比重值影响的试验方案,提出适宜的小麦比重试验方法,以及试样质量和酒精体积推荐值,并给出小麦比重参考值。

$$G_s = \frac{m_1}{m_2} = \frac{m_1}{V} \tag{2-5}$$

式中　G_s——小麦比重;

m_1——小麦质量,g;

m_2——与小麦同体积水的质量,g,$m_2 = V \times d$,d 为水的密度,近似取 1 g/mL;

V——小麦体积,mL。

为了保证试验结果的可靠性,试验中每组试验均重复不少于 10 次,并剔除误差过大的试验结果,然后补充试验,获得试验平均值作为每个试验的取值。试验设计了比重瓶法和量筒法对比试验,以及小麦试样质量和酒精体积变化对小麦比重的影响试验。

1.比重瓶法和量筒法对比试验

比重瓶法比量筒法精确,但比重瓶法只能进行其量程内的试验,无法进行更广泛的试样质量和酒精体积变化的试验。对比试验验证量筒法的试验精度,为后续量筒法进行更广泛的测试提供基础。基于规范并结合本书研究目标,最大可能地选取了试样质量和测试体积进行试验对比,如表 2-2 所示。

表 2-2 比重瓶法和量筒法对比试验

方案序号	小麦产地	试验方法	量筒容量(mL)	小麦试样质量(g)[筒内液体体积](mL)
1	河南省驻马店市	比重瓶法	100	5[50]、10[50]、20[50]、25[50]、30[50]
2	河南省驻马店市	量筒法	100	5[50]、10[50]、20[50]、25[50]、30[50]

注:小麦产地为河南省驻马店市。表中[ ]内数据表示比重瓶或量筒内加入酒精的液体体积,下同。

2.小麦试样质量改变对比重的影响(酒精体积数值上为小麦质量的2倍)

参照规范,试验时加入的酒精体积数值为小麦质量的2倍。试验详细数据见表2-3。

表 2-3 试验小麦质量对比重的影响(酒精体积数值上为小麦质量的2倍)

方案序号	试验方法	量筒容量(mL)	小麦试样质量(g)[筒内酒精体积](mL)	备注
3	量筒法	1 000	5[10]、10[20]、15[30]、20[40]、25[50]、30[60]、40 [80]、50[100]、75[150]、100[200]、125[250]、150[300]、200[400]、250[500]	筒内酒精体积数值上为小麦质量的2倍

注:方案3对小麦产地为河南省驻马店市、河南省郑州市、河南省安阳市、河北省石家庄市、黑龙江省牡丹江市的5个地区的小麦均进行了试验。

3.小麦试样质量改变对比重的影响(酒精体积保持不变)

分别研究了加入酒精为50 mL、100 mL、250 mL、500 mL、1 000 mL时小麦质量变化对小麦比重的影响,见表2-4。

表 2-4　试验小麦质量对比重影响(酒精体积一定)

方案序号	试验方法	量筒容量(mL)	小麦试样质量(g)[筒内酒精体积](mL)
4	量筒法	50	4[20]、5[20]、7[20]、9[20]、10[20]、11[20]、13[20]、15[20]、17[20]
5	量筒法	100	5[50]、10[50]、15[50]、20[50]、25[50]、30[50]、35[50]、40[50]、45[50]
6	量筒法	250	5[100]、10[100]、30[100]、50[100]、60[100]、70[100]
7	量筒法	500	5[250]、10[250]、20[250]、30[250]、60[250]、90[250]、125[250]、150[250]、180[250]
8	量筒法	1 000	10[500]、15[500]、25[500]、40[500]、50[500]、100[500]、150[500]、200[500]、250[500]、300[500]

注:每组方案分别对小麦产地河南省驻马店市、河南省郑州市、河南省安阳市、河北省石家庄市、黑龙江省牡丹江市的小麦均进行了试验。

2.3.2.4　粮堆孔隙率

粮食自身构造是没有固定形状的物体,存放于粮堆中,粮粒之间有孔隙存在。粮堆孔隙率是指粮堆总体积中粮粒之间的孔隙体积所占的比重,是研究粮食热特性的一个重要物理参数。粮堆的孔隙率受到粮食种类、尺寸长短、存在的杂质的影响。仓储粮堆中,粮食颗粒较完整且粒度较大的粮堆孔隙率大。粮堆孔隙率大,粮粒之间的空气就会增加,粮食颗粒之间的微气流循环就会增强,就容易传递更多的热量,将导致粮食由于温度升高造成的霉变等不利于安全储藏的情况。一般情况下,粮食是由传送带输送到粮仓里面的,因此粮食是自然堆积形成粮堆的,粮食在堆积过程中,因为重力影响使得粮食主动分级,这样使得粮堆的孔隙率不平衡,且越靠近底部,粮食受的压力就会越大,其周围粮粒孔隙的体积就会越小,相对应的孔隙率也会较小。

粮堆的孔隙率是由于粮食自身的结构特征和粮堆颗粒之间的孔隙导致

的，可用公式直接进行计算。

$$n = \left(1 - \frac{\gamma}{G_s}\right) \times 100\% \tag{2-6}$$

式中　γ——容重；

G_s——比重；

n——孔隙率。

2.3.3　试验结果与分析

由大量的容重、比重试验得到大量数据，针对其相应的试验数据分析比重、容重等参数，进行计算，分析其与孔隙率的关系。

2.3.3.1　小麦容重测定结果

对小麦进行容重测试，测定结果见表 2-5。

表 2-5　容重测定结果

样品编号	1	2	3	4	5	6	7	8	平均值
试验样品容重(g/L)	734	740	752	769	774	790	805	825	774
标准样品容重(g/L)	733	740	752	768	773	789	804	825	773

由表 2-5 可以看出，本次试验所测河南省郑州市小麦的容重和标准样品容重几乎一致，为 774 g/L，减轻了相关单位质量检验工作的复杂性，实用与推广意义很大。

2.3.3.2　小麦比重测定结果

1.比重瓶法与量筒法

规范规定比重瓶法和量筒法均可进行小麦的比重试验，比重瓶法精度相对较高，但是比重瓶法由于容量和刻度的限制，无法开展不同容量，尤其是大容量的比重试验。在对小容量的液体体积比重试验时，对比了比重瓶法和量筒法的试验结果。为了增加量筒法的试验精度，采用直接读数和天平称量两种方法，确保试验精度达到要求。如图 2-7 及表 2-6 所示的两种方法对比结果表明，量筒法的测试精度与比重瓶法相差很小，可以作为测试比重的方法，为系统研究小麦比重的影响因素提供基础。

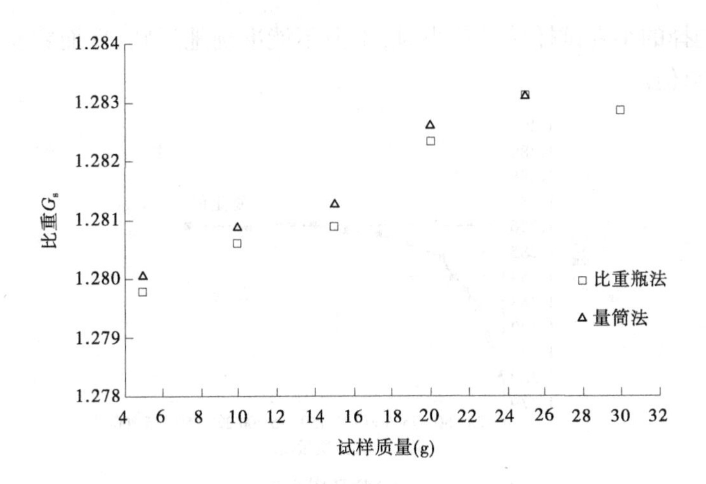

图 2-7　比重瓶法、量筒法(河南省驻马店市小麦)

表 2-6　比重瓶法和量筒法误差分析

试样质量(g)	比重瓶法比重 G_s	量筒法比重 G_s	误差(%)
5	1.279 8	1.280 1	0.03
10	1.280 6	1.280 9	0.03
15	1.280 8	1.281 3	0.05
20	1.282 3	1.282 6	0.03
25	1.283 1	1.283 1	0
30	1.282 8	1.283 0	0.02

2.小麦质量改变对比重的影响(酒精体积数值上为小麦质量的 2 倍)

由于现有规范进行比重试验时加入的酒精体积在数值上为小麦试样质量的 2 倍,因此在研究加入小麦质量对比重的影响时,按照现行规范的试验要求,加入酒精体积数值是加入小麦质量的 2 倍。

对 5 个地区的小麦都进行了试验,如图 2-8 所示为典型的试验结果。由图 2-8 可见,随着小麦试样质量的增加,小麦的比重也逐渐增加,当取样质量达到 100 g 左右时比重值才逐渐趋于稳定,比重平均值比其稳定值要小。图 2-8 表明,按规范规定的小麦试样质量为 5 g 或 10 g 进行试验,获得的小麦比重值还处于比重上升阶段中,并没有达到最终稳定的比重值。因此,当选择的小麦试样质量较小时,不但不能准确地反映,反而容易低估小麦的比重值。

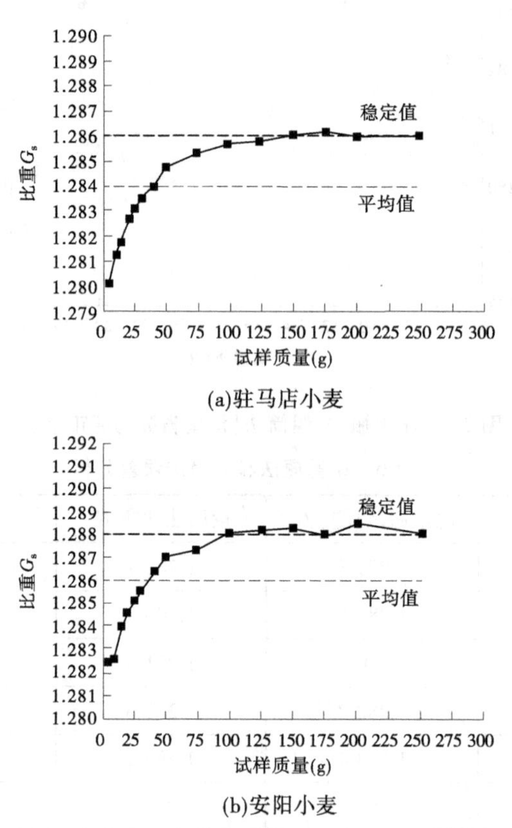

图 2-8　2 个地区小麦取样质量与比重的关系

如图 2-9 所示,5 个城市的试验结果均表明,不同地区小麦的比重值有所差别,但小麦试样质量对小麦比重影响规律较一致。随着小麦试样质量的增加,小麦比重均逐渐增加,且比重值最终均趋于某一稳定值。因此,选择合适的小麦试样质量对试验结果影响较大,规范规定的小麦取样质量偏小,导致试验结果偏小。

3.小麦质量改变对比重的影响(酒精体积保持不变)

基于方案 3,研究不同酒精体积下,小麦试样质量与比重的关系。设计了方案 4~方案 8 的试验,每个方案均对 5 个地区的小麦进行了试验,共进行了 2 150 个试验,部分结果如图 2-10 所示。结果表明,比重试验下酒精体

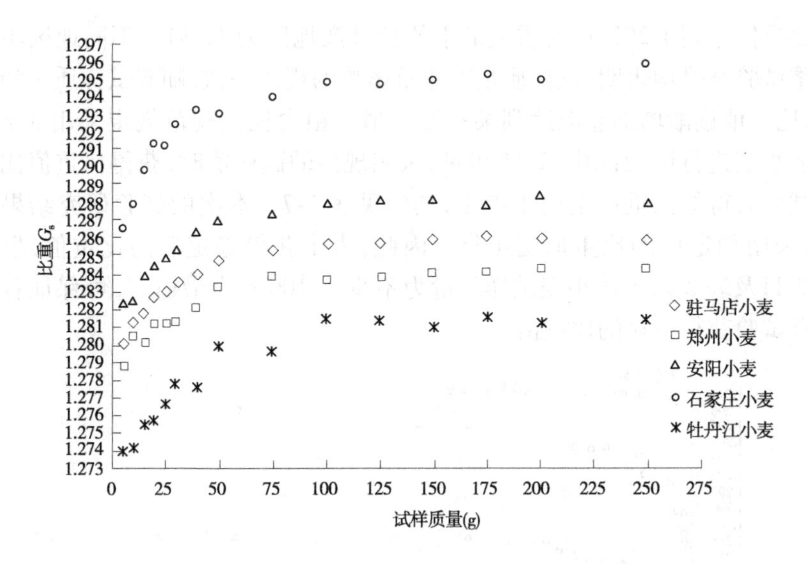

图 2-9　5 个地区小麦取样质量与比重的关系

积对试验结果影响不大。因此,试验时只需保证能浸没试样,并能方便读出增加的体积数即可。

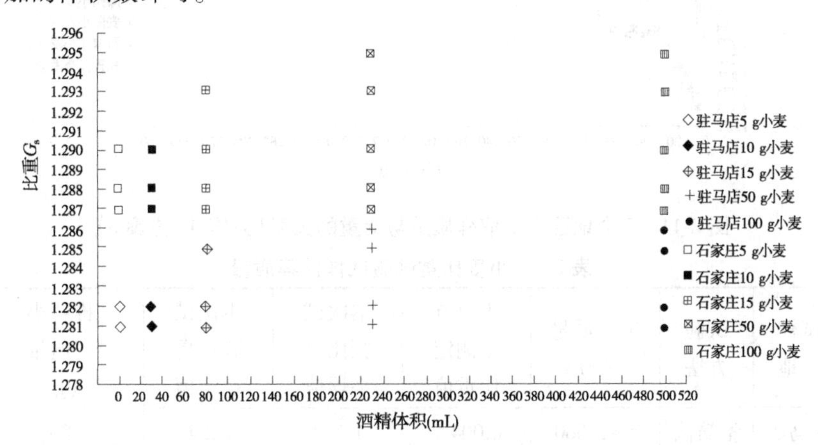

图 2-10　2 个地区酒精体积与比重的关系(方案 4~方案 8)

4.结果讨论

如图 2-11 所示为考虑试样质量和酒精体积影响的小麦比重试验结果汇总图。由图 2-11 可见,不同地区小麦的比重值有一定的差别。小麦的比重受产地,籽粒大小、形状、重量、圆满度等特征的影响较大,石家庄地区小麦比重值达到1.295,而比重值最小的牡丹江地区为1.281。不同地区小麦比重试验结果均表明,试样质量对比重影响的规律一致,随着试样质量的增加,比重值逐渐增加直至达到某一稳定值。粮食比重规范规定采用5 g或10 g小麦进行试验,由图2-11可见,采用规范的试样值时,获得比重值比本次试验获得的比重稳定值小得多,具体见表2-7。本次的试验研究结果表明,采用稳定后的比重值更可靠。因此,为了获得稳定后的比重值,根据图2-11及表2-7,推荐小麦试样质量为不少于100 g为最适宜,可保证各类比重试验获得可靠的比重值。

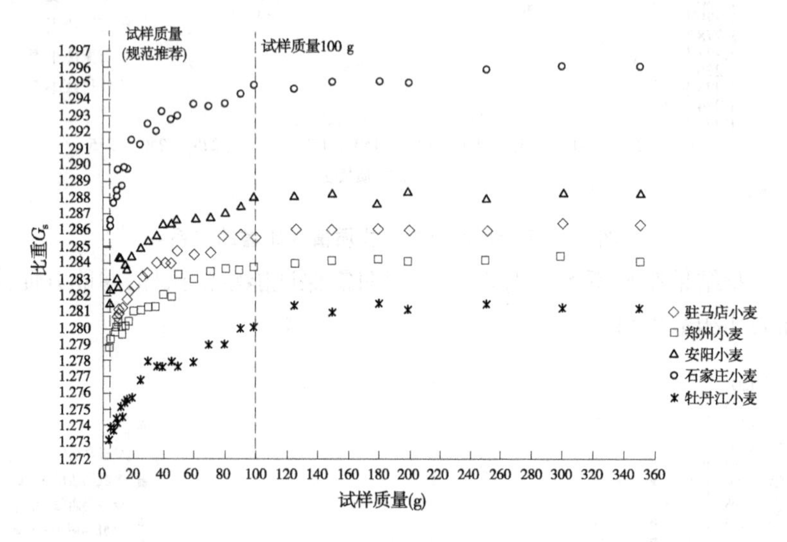

图2-11　5个地区小麦取样质量与比重的关系(方案4~方案8)

表2-7　小麦比重试验试样推荐质量

试样产地	试验方法	试样质量(g)	规范方法测定比重值	本次试验比重平均值	本次试验比重稳定值	推荐小麦质量(g)
驻马店	量筒法	5~3 000	0.004 7	1.283	1.286	80
郑州	量筒法	5~300	0.003 9	1.282	1.284	80
安阳	量筒法	5~3 000	0.004 7	1.286	1.288	90
石家庄	量筒法	5~300	0.006 2	1.292	1.295	100
牡丹江	量筒法	5~300	0.005 5	1.278	1.281	100

5.结论

基于小麦比重试验规范存在的问题,根据我国 5 个典型地区的小麦比重试验结果,系统深入地研究了比重试验的两个关键影响因素对比重值的影响,为更准确地获得小麦等粮食的比重提供试验参考。主要结论如下:

(1)比重试验的试样质量对小麦比重值影响较大,随着试样小麦质量的增加,小麦比重值逐渐增加并逐渐趋于稳定。

(2)比重试验中测试用酒精体积对小麦比重影响不大。

(3)小麦比重试验规范规定的小麦试样质量偏小,导致比重测试值偏小。

(4)试验样本区小麦比重值在 1.281~1.295。

(5)小麦比重试验推荐的小麦质量应不低于 100 g。

本书研究方法不仅适用于小麦,对于其他谷物类粮食也具有较高的参考价值并为规范的修订提供依据。

2.3.3.3　基于小麦容重、比重的孔隙率计算结果

结合已得到的郑州市小麦容重、比重试验数据,由式(2-6)计算孔隙率,所得结果如表 2-8 所示。

表 2-8　小麦孔隙率值

样品编号	1	2	3	4	5	6	7	8
容重(g/L)	734	740	752	769	774	790	805	825
比重 G_s	1.281	1.281	1.282	1.283	1.283	1.284	1.284	1.285
孔隙率(%)	42.7	42.2	41.3	40.1	39.7	38.5	37.3	35.8

2.3.4　试验结论

由容重、比重、孔隙率试验可以分析得出:

(1)小麦堆(含水率为 11.6%)的容重和标准样品容重几乎一致,为 774 g/L。

(2)小麦堆(含水率为 11.6%)的比重完全可以采用量筒法代替比重瓶法进行试验。比重试验试样质量对小麦比重值作用明显,随着小麦试样质量增加,小麦比重值逐渐增加并趋于稳定。

(3)由孔隙率=[(1-容重/比重)×100%]求出的结果显示,孔隙率的变

化范围为 35.8%~42.7%，增幅为 19.3%。

基于小麦容重、比重试验得到的参数数值，采用直接计算法得到小麦堆的孔隙率为 35.8%~42.7%，增幅为 19.3%。

2.4 基于压力法的粮堆孔隙率测试

粮堆孔隙率是反映粮食储存安全的一个不可或缺的参数，粮食和土都是散粒体，具有相似性，因此可以用落雨法进行最大孔隙比试验获得孔隙率最大值和压力法进行压缩试验获得孔隙率随压力变化规律来分析。落雨法最大孔隙比试验是测定粮食在最松散状态下的孔隙率，压力法是通过压缩试验测定出粮堆在不同压力作用下的孔隙率，通常采用不同密度的试验样品进行试验，以获得孔隙率的变化规律，是目前获得粮堆孔隙率的最基本、也是最有效的方法之一。粮食是散粒物体，与固体、液体差别很大，力学性能也不一样。粮食的沉降力学性能与粮食颗粒属性、粮食颗粒之间摩擦、粮食颗粒之间接触几何性质及历史应力有关。粮堆的孔隙率对粮食应力—应变关系影响很大。所以，密度对粮堆的力学性能影响也很大。在我国小麦是缺一不可的粮食作物，因为在输送、装卸及保存阶段中存在压缩载荷作用，导致其破裂及永久变形经常出现，自身品质和粮产品质量会大打折扣。深仓保存的小麦孔隙率过小或者过大，都不能有效通风，粮食发热霉菌就应运而生，阻碍小麦的高效保存。所以，研究小麦孔隙变化、分析出粮堆孔隙率的合理范围意义重大。在粮食入仓储藏中，迫切需要进一步了解孔隙率的合理值，以便安全高效地保存粮食。本次研究试图通过落雨法进行最大孔隙比试验和压力法进行压缩试验，分析出仓内粮堆孔隙率的变化范围和规律。

2.4.1 试验材料及试验仪器

2.4.1.1 试验材料

试验采用《土工试验规程》(SL 237—1999)进行。所用小麦产地为河南郑州，初始含水率是 11.98%，通过干燥和配定保证试验含水率统一为 11. 6%。小麦颗粒呈椭圆形、较均匀，通过选择 20 个典型颗粒测得其平均值，其最长边 a=6.2 mm，最短边 b=3.32 mm。试验过程中涉及的小麦物理参数主要有容重 γ、比重 G_s、孔隙率 n 等，容重 γ 为 774 g /L，比重 G_s 为

1. 284。通过控制装料过程中小麦的密实程度得到不同的孔隙率,结合各级压力等对试验进行分组讨论。

2.4.1.2　**试验仪器**

1.落雨法最大孔隙比试验

量筒:容积为 1 000 mL;长颈漏斗:颈管内径约 1.2 cm,颈口磨平(见图 2-12);锥形塞:直径约 1.5 cm 的圆锥体镶于铁杆上;砂面拂平器(见图 2-12);天平:称量 1 000 g,分度值 1 g。

2.压力法压缩试验

固结仪:目前两种常用的固结仪是磅秤式固结仪和杠杆式固结仪,本试验采用杠杆式固结仪(GDG-4s 型三联高压固结仪,南京土壤仪器厂产)。杠杆式固结仪由固结容器、施压装置、变形测定装置等组成。环刀、护环、透水板、施压上盖与量表架等构成固结容器(见图 2-13),环刀内径 6.18 cm,改良过后的盒内径 11.34 cm,高度需要重新测试,其他均不变。护环为刚性的,用来确保样品在试验过程中没有出现侧向变形,只有竖向压缩。杠杆加压设备:力比为 1∶10;游标卡尺,精确值 0.01 mm,桂林产;AL204 型分析天平,精度 0.01 g,上海产。变形测量设备:百分表量程 10 mm,分度值为 0.01 mm。其他:秒表、滤纸。

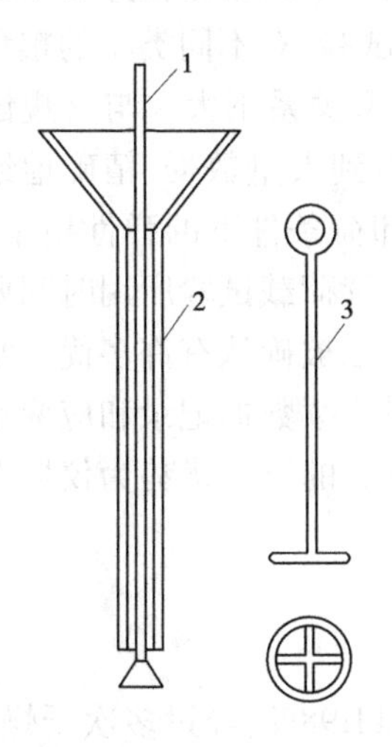

1—锥形塞;2—长颈漏斗;
3—砂面拂平器板

图 2-12　漏斗及拂平器

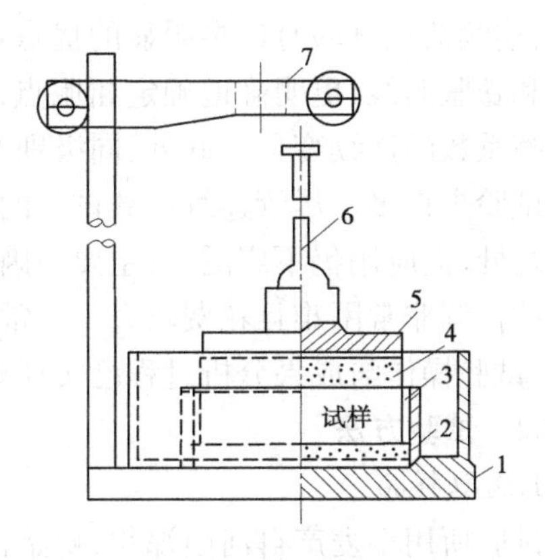

1—水槽;2—护环;3—环刀;4—透水板;
5—施压上盖;6—加压杆;7—量表架

图 2-13　固结容器示意

2.4.2　试验原理及方法

2.4.2.1　试验原理

1.落雨法最大孔隙比试验

土的最大孔隙比试验是用量筒法求出最小干密度 ρ_{dmin}(对应最大孔隙比 e_{max})。最小干密度 ρ_{dmin} 为土样处于最松弛状态时的干密度(或孔隙比)。粮食和土都是散粒体,可以用此种方法测试粮堆的最大孔隙比。试验时,将烘干试样轻轻地倒入一定容积 v 的容器中,装满后称出试验质量 m_s 即可得到 $\rho_{dmin}=m_s/v$,再计算出 e_{max}。

2.压力法压缩试验

土的压缩试验是测定试样在侧限与轴向排水条件下的变形和压力或孔隙比和压力的关系等。粮食和土都是散粒体,可以用此种方法测试粮堆之间的孔隙比和压力的关系,继而分析出粮堆的孔隙率。试样放置在压缩盒内,上部有载荷,轴向压力影响下没有侧向膨胀却出现轴向长度缩短、体积减小、密度变大等现象。此测试为无侧向改变时的压缩测试,试验认为:粮食压缩基本上是由于孔隙体积变小造成骨架变形,粮食颗粒自身压缩忽略不计。粮体只有轴向压缩无侧向改变。压缩试验用以测定粮食的压缩特征,可分为标准常规试验和多种不同的连续荷载试验,对不同类型的粮食的试验结果表明,测定的粮堆性质与所用的试验类型关系不大。与常规试验相比,连续荷载试验有许多明显的优点:它可以得到大量数据,精确地绘制压缩和膨胀曲线,更明确地确定屈服点以及加、卸荷条件下的弹性模量,以及压缩系数的连续变化。此外,同级别的试验,连续荷载试验所用时间要比常规试验少得多。尽管连续荷载试验的基本理论已被确认有许多优于常规试验之处,但应用仍不广泛,其主要原因是要提供连续数据记录和应变速率的连续控制非常困难且花费较大。而常规固结试验的重要优势为仪器设备简单,试验操作与成果分析过程已实现规范化。

2.4.2.2　试验方法

1.选取样品

试验所用小麦产自河南郑州,初始含水率为 11.98%,经过多次干燥、配定保证试验样品含水率统一为 11.6%。最大孔隙比试验:共分为 5 组,取其平均值。压缩试验:试样共有 3 组,第 1 组小麦质量是 245. 83 g;第 2 组小麦质量是 253.35 g;第 3 组小麦质量是 271.93 g。

2.压力法粮食荷载的取定

一般按照 12.5 kPa、25.0 kPa、50.0 kPa、100 kPa、200 kPa、400 kPa、800 kPa、1 600 kPa、3 200 kPa、4 000 kPa 的顺序加压,由于标准盒内径 6.18 cm,改良过后的盒内径 11.34 cm,根据作用力相等换算得出对应的样品竖直压应力为:3.7 kPa、7.4 kPa、14.8 kPa、29.6 kPa、59.2 kPa、118.4 kPa、236.8 kPa、473.6 kPa、947.2 kPa、1 184 kPa。

3.试验过程

1)落雨法最大孔隙比试验

《土工试验规程》(SL 237—1999)规定的试验方法如下:

(1)将锥形塞杆自长颈漏斗下口穿入,并向上提起,使锥底堵住漏斗管口,一并放入 1 000 mL 的量筒内,使其下端与量筒底接触。

(2)称取烘干的代表性试样 700 g,均匀缓慢地倒入漏斗中,将漏斗和锥形塞杆同时提高,移动塞杆,使锥体略离开管口,管口应经常保持高出砂面 1~2 cm,使试样缓慢且均匀分布地落入量筒中。

(3)试样全部落入量筒后,取出漏斗和锥形塞,用砂面拂平器将砂面拂平、测记试样体积,估读至 5 mL。

(4)用手掌或橡皮板堵住量筒口,将量筒倒转并缓慢地转回到原来位置,重复数次,记下试样在量筒内所占体积的最大值,估读至 5 mL。

(5)取上述两种方法测得的较大体积值。最大孔隙比试验见图 2-14。

图 2-14　最大孔隙比试验

2)压力法压缩试验

《土工试验规程》(SL 237—1999)规定的试验方法:

(1)仪器调试:固结仪,变形校正应按《固结仪校验方法》(SL 114—2014)实施。

(2)加荷设备参照《固结仪校验方法》(SL 114—2014)中的方法进行校验;百分表利用《指示表(指针式、数显示)检定规程》(JJG 34—2008)实施校核。压缩试验仪器见图 2-15。

图 2-15　压缩试验仪器

4.试样准备

预确定装满环刀需多少克粮食,然后称取确定数量的小麦,以备试验用。首先把固结仪的零部件依次按要求装好,接着把称取的确定数量的小麦小心地倒入压缩盒内,用平板玻璃把小麦抹平压密,样品逐一加上薄滤纸、透水板、施压盖板,继而把施压框架中部瞄准施压盖板中部,再把量表装在加压框架上。

5.测试

为了减小端部接触问题对试验结果产生的影响,就要确保试样与试验仪器的各个零部件紧密接触,接着要重新调整量表,使其读数为零。施加预压力,确保试样与仪器各个部位相互接触完好(施加 1 kPa 预压力或者手指轻轻点击),整理百分表记录初始数据。粮食颗粒比土粒大得多,所以根据相同压力作用对试验仪器进行改进,本试验的加压等级为:3.7 kPa、7.4 kPa、14.8 kPa、29.6 kPa、59.2 kPa、118.4 kPa、236.8 kPa、473.6 kPa、947.2 kPa、1 184 kPa。平均各级压力 1 h 记 1 次读数,当样品变形每小时变化不大于 0.005 mm 时记作稳定,每次加压完立即使杠杆水平。当试验结束后,首先把荷载卸掉,然后把百分表拆除,再取出小麦,并将仪器擦净放回原处。倒出试验用的小麦(试验用过的小麦不能在以后的试验中使用)。

2.4.3 试验结果分析

2.4.3.1 试验相关计算公式

1.最大孔隙比试验

$$\rho_{dmin} = \frac{m}{v_{max}} \tag{2-7}$$

式中 ρ_{dmin}——最小干密度,g/cm^3;

m——试样干质量,g;

v_{max}——试样的最大体积,cm^3。

$$e_{max} = \frac{\rho_w G_s}{\rho_{dmin}} - 1 \tag{2-8}$$

式中 e_{max}——最大孔隙比;

ρ_w——水的密度,g/cm^3;

G_s——散体颗粒的比重。

$$n = \frac{e}{1 + e} \times 100\% \tag{2-9}$$

式中 e——孔隙比;

n——孔隙率。

2.压缩试验

计算试样的初始孔隙比的公式如下:

$$e_0 = \frac{\rho_w G_s(1 + 0.01\omega_0)}{\rho_0} - 1 \tag{2-10}$$

式中 G_s——散体颗粒的比重;

ρ_w——水的密度,g/cm^3;

ρ_0——试样初始密度,g/cm^3;

ω_0——试样的初始含水率。

每级压力固结稳定孔隙比e_i求解公式:

$$e_i = e_0 - (1 + e_0)\frac{\Delta h_i}{h_0} \tag{2-11}$$

式中 e_i——第i级压力孔隙比;

e_0——初始孔隙比;

Δh_i——试样高度变化,mm;

h_0——试样初始高度,mm。

2.4.3.2 试验数据

1.最大孔隙比试验

落雨法最大孔隙比试验数据见表 2-9。

表 2-9 落雨法最大孔隙比试验数据

量筒(mL)	试样编号	含水率(%)	比重 G_s	质量 m(g)	体积 V(mL)	密度 ρ(g/cm³)	孔隙比 e	孔隙率 n(%)
1 000	1	11.6	1.284	700	920	0.761	0.688	40.74
1 000	2	11.6	1.284	700	915	0.765	0.678	40.42
1 000	3	11.6	1.284	700	910	0.769	0.669	40.09
1 000	4	11.6	1.284	700	915	0.765	0.678	40.42
1 000	5	11.6	1.284	700	915	0.765	0.678	40.42

2.压缩试验

本试验共做了 3 组。第 1 组小麦试样质量为 245.83 g,具体数据见表 2-10;第 2 组小麦试样质量为 253.35 g,具体数据见表 2-11;第 3 组小麦试样质量为 271.93 g,具体数据见表 2-12。

表 2-10 第 1 组测试数据(小麦试样质量为 245.83 g)

砝码(kg)	压力 p(kPa)	换算后压力 p(kPa)	换算后压力 $\lg p$(kPa)	试样高度变化(mm)	孔隙比 e_i	压缩系数 a_v(MPa^{-1})	压缩模量 E_s(MPa)	应力 σ(kPa)	应变 ε	孔隙率 n(%)
0	0	0	0	0	0.686	0	0	0	0	40.7
0.159	12.5	3.7	0.568	0.078	0.681	9.887	0.174	3.7	0.272	40.5
0.318	25	7.4	0.869	0.152	0.677	1.175	1.462	7.4	0.53	40.4
0.637	50	14.8	1.170	0.3	0.668	1.175	1.462	14.8	1.045	40.1
1.274	100	29.6	1.471	0.452	0.659	0.603	2.848	29.6	1.575	39.7
2.549	200	59.2	1.772	0.571	0.652	0.236	7.274	59.2	1.99	39.5
5.099	400	118.4	2.073	0.899	0.633	0.325	5.278	118.4	3.132	38.8
10.199	800	236.8	2.374	1.042	0.625	0.071	24.214	236.8	3.631	38.5
20.399	1 600	473.6	2.675	1.285	0.611	0.060	28.499	473.6	4.477	37.9
40.799	3 200	947.2	2.976	1.701	0.586	0.052	33.294	947.2	5.927	37
50.999	4 000	1 184	3.073	1.801	0.580	0.025	69.251	1 184	6.275	36.7

表 2-11　第 2 组测试数据(小麦试样质量为 253.35 g)

砝码(kg)	压力 p(kPa)	换算后压力 p(kPa)	换算后压力 lg$p$(kPa)	试样高度变化(mm)	孔隙比 e_i	压缩系数 a_v(MPa^{-1})	压缩模量 E_s(MPa)	应力 σ(kPa)	应变 ε	孔隙率 n(%)
0	0	0	0	0	0.716	0	0	0	0	41.7
0.159	12.5	3.7	0.568	0.103	0.711	9.839	0.178	3.7	0.315	41.5
0.318	25	7.4	0.869	0.236	0.704	1.886	0.926	7.4	0.722	41.3
0.637	50	14.8	1.170	0.382	0.696	1.035	1.687	14.8	1.168	41
1.274	100	29.6	1.471	0.516	0.689	0.475	3.677	29.6	1.578	40.8
2.549	200	59.2	1.772	0.682	0.680	0.294	5.936	59.2	2.086	40.5
5.099	400	118.4	2.073	1.051	0.661	0.327	5.341	118.4	3.214	39.8
10.199	800	236.8	2.374	1.3	0.648	0.11	15.83	236.8	3.976	39.3
20.399	1 600	473.6	2.675	1.75	0.624	0.1	17.518	473.6	5.352	38.4
40.799	3 200	947.2	2.976	2.302	0.595	0.061	28.562	947.2	7.04	37.3
50.999	4 000	1 184	3.073	2.481	0.586	0.04	44.04	1 184	7.587	36.9

表 2-12　第 3 组测试数据(小麦试样质量为 271.93 g)

砝码(kg)	压力 p(kPa)	换算后压力 p(kPa)	换算后压力 lg$p$(kPa)	试样高度变化(mm)	孔隙比 e_i	压缩系数 a_v(MPa^{-1})	压缩模量 E_s(MPa)	应力 σ(kPa)	应变 ε	孔隙率 n(%)
0	0	0	0	0	0.750	0	0	0	0	42.8
0.159	12.5	3.7	0.568	0.152	0.741	10.99	0.162	3.7	0.495	42.6
0.318	25	7.4	0.869	0.305	0.733	2.357	0.756	7.4	0.993	42.3
0.637	50	14.8	1.170	0.499	0.722	1.494	1.192	14.8	1.625	41.9
1.274	100	29.6	1.471	0.682	0.711	0.705	2.528	29.6	2.221	41.6
2.549	200	59.2	1.772	0.881	0.7	0.383	4.65	59.2	2.87	41.2
5.099	400	118.4	2.073	1.281	0.677	0.385	4.627	118.4	4.173	40.4
10.199	800	236.8	2.374	1.542	0.662	0.126	14.181	236.8	5.023	39.8
20.399	1 600	473.6	2.675	1.980	0.637	0.105	16.901	473.6	6.45	38.9
40.799	3 200	947.2	2.976	2.602	0.602	0.075	23.803	947.2	8.476	37.6
50.999	4 000	1 184	3.073	2.821	0.589	0.053	33.802	1 184	9.189	37.1

2.4.3.3 试验结果分析

1.落雨法最大孔隙比试验

从表 2-9 中可以看出,最大孔隙比试验获得粮堆孔隙比最大值为 0.688,孔隙率 n 的最大值为 40.76%。

2.压力法压缩试验

粮堆通常由粮食籽粒组成骨架体,骨架体孔隙再被气体充填。粮堆的压缩变形由 3 部分组成:一是粮食颗粒自身受压产生的变形;二是骨架孔隙内气体溢出导致的改变;三是籽粒再次分布、距离缩短、骨架体出现相互移动产生变形。小麦压缩特征通常用压缩曲线分析,每级压力与对应的孔隙比间的关系曲线就是压缩曲线,称为 $e—p$ 曲线。由试验数据(表 2-10~表 2-12)得到每级压力下试样轴向高度的变化量,由式(2-10)算出试样初始孔隙比,再由式(2-11)计算出每级压力下试样的孔隙比。或者把小麦压缩试验结果绘在半对数坐标系上,即把横坐标 p 换成 $\lg p$,而纵坐标 e 不变,由此得到的压缩曲线称为 $e—\lg p$ 曲线。压缩试验一共获取 3 组试验数据,如表 2-10~表 2-12 所示。试验选取 3 组密度不同而其他条件相同的样品,已知每个样品高度为 287 mm、307 mm、327 mm,密度为 0.85 g/cm^3、0.819 g/cm^3、0.835 g/cm^3。图 2-16~图 2-18 为 3 组样品所得结果绘制的 $e—p$ 曲线、$e—\lg p$ 曲线、$e/(1+e_0)—p$ 曲线。

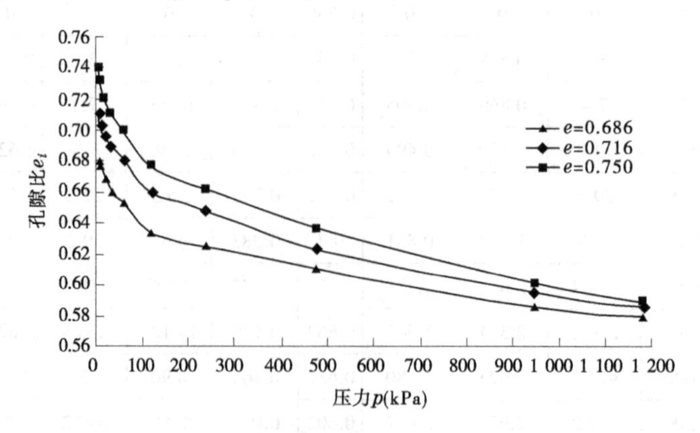

图 2-16　3 组压缩试样的 $e—p$ 曲线

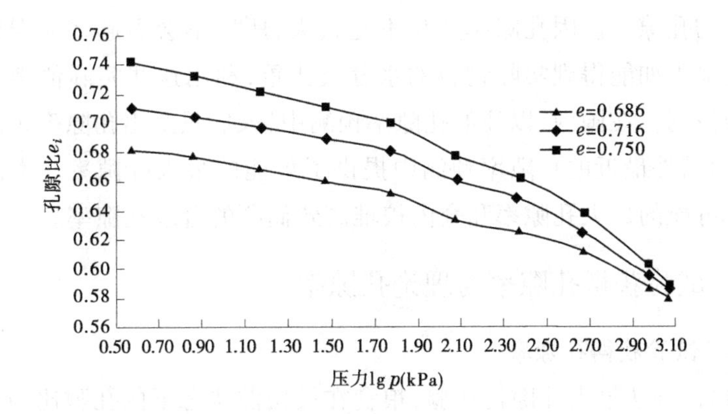

图 2-17　3 组压缩试样的 e—lg$p$ 曲线

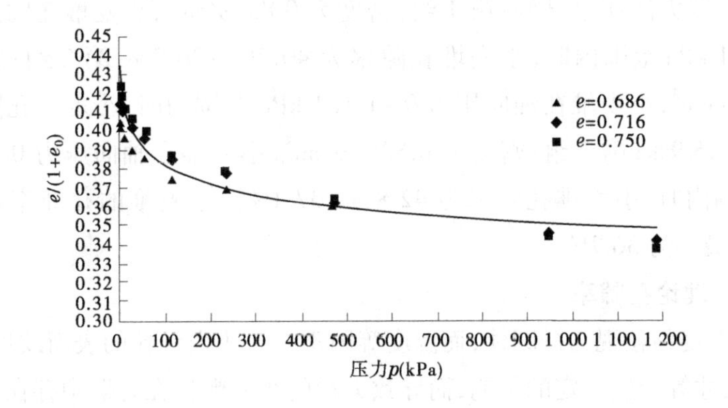

图 2-18　3 组压缩试样的 $e/(1+e_0)$—p 曲线

从图中可以获得孔隙比 e 和压力 p 之间的拟合公式

$$e = 0.457\,4p^{-0.04} \times (1 + e_0) \tag{2-12}$$

式中　p——压力,kPa;

e_0——初始孔隙比。

经试验分析,由粮堆孔隙率在不同级轴向压力下的变化,可以获得试验条件下的粮堆孔隙率值,从而应用到粮仓内,进而为仓内粮食的储藏和实现粮食的重要价值提供理论依据。随着轴向力施加,孔隙率出现线性变小并且趋于稳定。用一个线性关系来表示压密与孔隙率之间的变化关系,其精度已足以满足工程上的精度要求。用压力推算出多孔物体高度,采用平均孔隙率。因孔隙率变化不是很大,所以不会引起多大误差。在实际情况下如能得到实际物料的水分及比重,利用这些实际值类似的结果不难得到。在国内,以往的孔隙率预测中,人们只给出孔隙率预测的平均值,而国外最近的孔隙率预测中提供了可能的最大孔隙率。本次研究给出了可能的最大孔隙率和仓内粮堆高效储藏的合理孔隙率。

2.4.4 试验获得孔隙率与理论孔隙率

2.4.4.1 试验获得孔隙率

(1)落雨法最大孔隙比试验:粮食在最松散状态下的孔隙比为 0.688,即孔隙率为 40.76%。

(2)压力法压缩试验:第 1 组:密度为 0.85 g/cm^3,小麦堆在轴向压力 0~1 184 kPa 范围内时,小麦堆孔隙率为 40.7%~36.7%;第 2 组:密度为 0.819 g/cm^3,小麦堆在轴向压力 0~1 184 kPa 范围内时,小麦堆孔隙率为 41.7%~36.9%;第 3 组:密度为 0.835 g/cm^3,小麦堆在轴向压力 0~1 184 kPa 范围内时,小麦堆孔隙率为 42.8%~37.1%。小麦堆的孔隙率最大为 42.8%、最小为 36.7%。

2.4.4.2 理论孔隙率

将小麦颗粒视为椭圆体,而温度等因素对于小麦颗粒的表面纹理、外观形状、尺寸等产生一定的影响,而导致大量的小麦颗粒在容器中存在不同的排列形式,从而导致孔隙率 n 的计算有所差别。已有文献中提到的椭圆体的 5 种排列形式,如图 2-19 所示,每种排列形式相应的孔隙率 n 的计算公式如表 2-13 所示。

赋值验证理论:

对 a/b 进行赋值,得到不同排列形式对应的孔隙率 n(见表 2-14)和关系曲线(见图 2-20),由图 2-20 可知,验证结论与理论分析得到的规律一致。

从图 2-20 中可知,最大孔隙比试验所得孔隙率、压缩测试所得孔隙率、公式计算获得孔隙率均在单一交错排列和四面体排列理论分析范围内,而理论的体排列和锥体排列在实际仓内或仓外的粮堆中均难以达到。本书选取的压力法分析粮堆孔隙率,为筒仓侧压力计算提供参数。

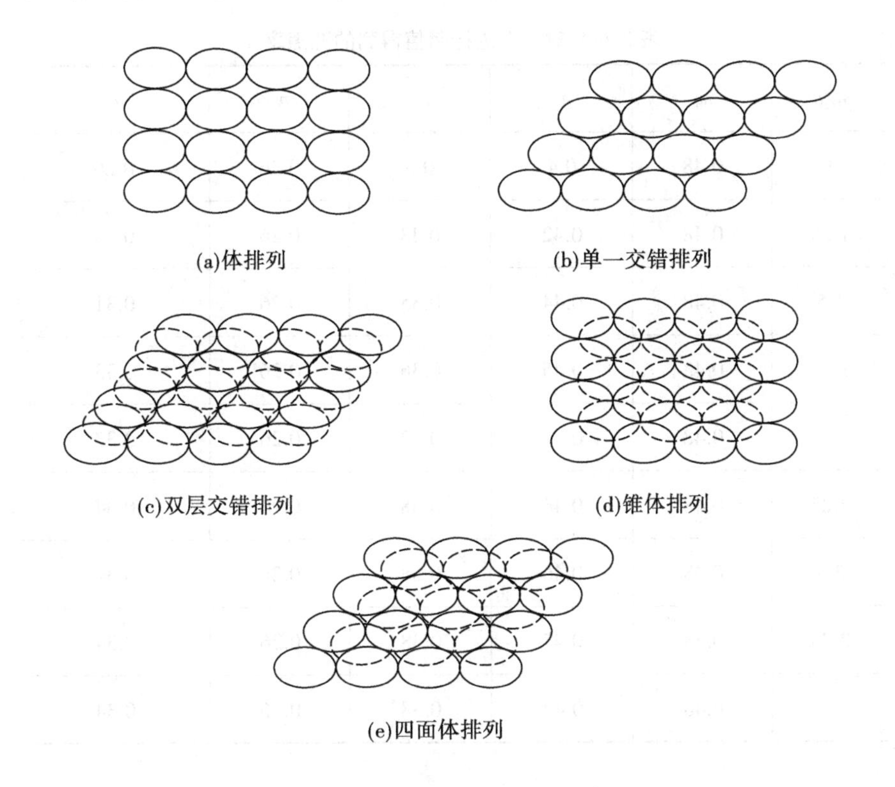

图 2-19　椭圆体的不同排列形式

表 2-13　不同排列形式相对应的孔隙率 n 的计算公式

排列形式	孔隙率 n 的计算公式
Cubical(体排列)	$n=\frac{ab^2-\frac{\pi}{6}ab^2}{ab^2}=1-\frac{\pi}{6}$
Single(单一交错排列)	$n=1-\frac{\pi}{6\times\sqrt{3}}\times\frac{\sqrt{3a^2+b^2}}{a}$
Double(双层交错排列)	$n=1-\frac{\pi}{9}\times\frac{\sqrt{3a^2+b^2}}{a}$
Pyramidal(锥体排列)	$n=1-\frac{\pi}{6}\sqrt{2}$
Tetrahedral(四面体排列)	$n=1-\frac{\pi}{\sqrt{2}\times 6}\times\frac{\sqrt{3a^2+b^2}}{a}$

表 2-14　对 a/b 进行赋值得到的孔隙率 n

a/b	n_1	n_2	n_3	n_4	n_5
1	0.48	0.4	0.3	0.26	0.26
1.25	0.48	0.42	0.33	0.26	0.29
1.5	0.48	0.44	0.35	0.26	0.31
1.75	0.48	0.45	0.36	0.26	0.33
2	0.48	0.46	0.37	0.26	0.33
2.25	0.48	0.46	0.38	0.26	0.34
2.5	0.48	0.46	0.38	0.26	0.34
2.75	0.48	0.47	0.38	0.26	0.34
3	0.48	0.47	0.38	0.26	0.34

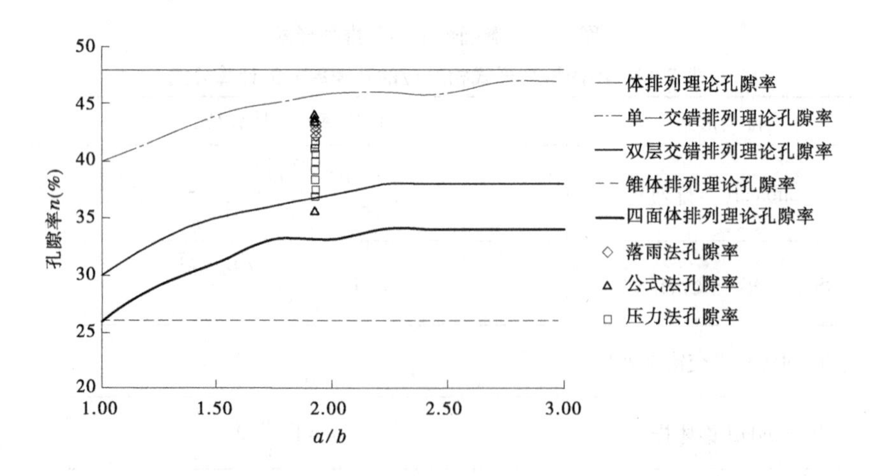

图 2-20　a/b 与孔隙率 n 的关系

2.5　基于 PFC^{3D} 离散元数值模拟的粮堆孔隙率

室内试验条件复杂、多种因素相互交织难以控制且所得孔隙率并不平衡，因此寻求一种新手段研究散储粮堆孔隙率来验证试验结论和完善粮堆孔隙率最终变化显得很有必要。在计算机应用较为广泛的今天，利用计算机数值模拟来研究散体堆积问题成为越来越多学者的选择。与实际试验相比，数值模拟方法有着明显的优势。由压缩试验可知，加到最后一级压力下孔隙比并未平衡，采取 PFC^{3D} 数值模拟可以继续施加压力。本章以压缩试验为原型，在试验的基础上，采用离散元颗粒流软件对压缩试验进行模拟，分析孔隙率的变化规律。

2.5.1　生成墙体及试样

在本次 PFC^{3D} 中，用墙体模拟压缩仪器。本次生成的墙体分为两类：一类是用来模拟环刀的圆柱形墙体，该墙体由"wall type cylinder"生成，先设定圆柱形墙体上下底的中心坐标，然后设定圆柱的半径等于小麦压缩试验中小麦试样的半径，等于 5.67 cm。另一类是用来模拟压缩盒底的墙体，该墙体是正方形的，边长由"wall"命令生成，该墙体要能够覆盖圆柱形墙体底面，所以此正方形墙体的边长设定为圆柱形墙体直径的 1.1 倍。由于试验中用于装小麦试样的容器是刚性的，不会变形，所以 PFC^{3D} 中生成的墙体也应是刚性的，将其法向刚度和切向刚度设定为 1×10^{10} N/m。

本次模拟中，目标孔隙率设定为和室内试验中小麦试样的孔隙率一样。颗粒的最终半径范围设定为(1 mm，1.6 mm)。总共生成了 3 715 个颗粒，颗粒的法向刚度和切向刚度分别设定为 2×10^5 N/m、1×10^5 N/m。生成的试样如图 2-21 所示。

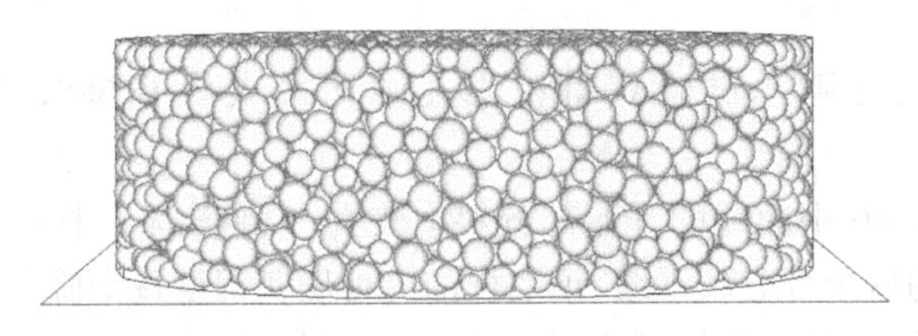

图 2-21　生成试样

2.5.2　生成加压板

由于 PFC^{3D} 本身的特性,无法对程序中的墙体“wall”施加力,但是可以对颗粒施加力,所以本次小麦压缩试验的 PFC^{3D} 模拟中的加压板通过“CLUMB”来模拟。

“CLUMB”命令可以把指定“id”的颗粒当作一个刚性体,颗粒之间的相对位置不会发生改变,“CLUMB”中颗粒的半径要远小于用来模拟小麦的颗粒的半径,这样才能保证小麦颗粒的受力均匀。在本次模拟中,“CLUMB”由 3 463 个相同大小的颗粒组成,颗粒的半径设定为 0.05 mm,颗粒的法向刚度和切向刚度分别设定为 1×10^6 N/m、1×10^6 N/m。生成加压板见图 2-22。

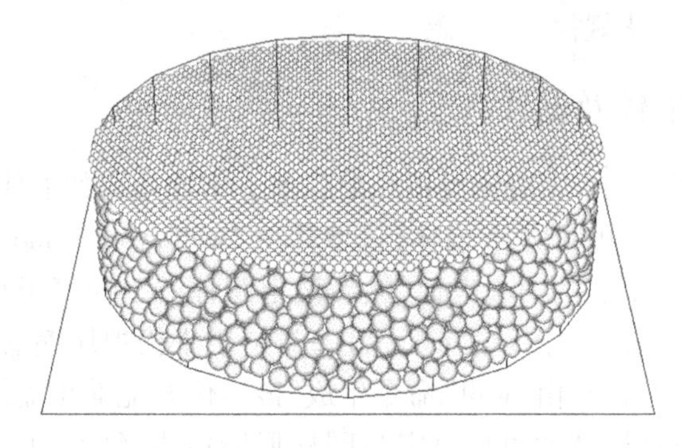

图 2-22　生成加压板

2.6　本章小结

本章共有 5 组最大孔隙比试验和 3 组不同密度的压缩试验,通过诸多的试验得到一系列的数据和参数,建立起与粮堆孔隙率的关系,得到的主要结论如下:

(1)最大孔隙比试验获得粮堆孔隙比最大为 0.688,孔隙率 n 为 40.76%。

(2)图 2-16 中曲线的开始部分斜率较大,说明该阶段样品压实作用明显;而曲线的后半部分较平缓,说明样品的可压实程度逐渐降低;由图 2-16、图 2-17 得到,压力 p 增大,孔隙比 e_i 变小,即孔隙率 n 变小。

(3)密度为 0.85 g/cm^3,小麦堆在轴向压力 0~1 184 kPa 范围内时,小麦堆孔隙比为 0.686～0.580、压缩模量为 0.174～69.251 kPa、孔隙率为 40.7%～36.7%；密度为 0.819 g/cm^3，小麦堆在轴向压力 0～1 184 kPa 范围内时，小麦堆孔隙比为 0.716～0.586、压缩模量为 0.178～44.04 kPa、孔隙率为 41.7%～36.9%；密度为 0.835 g/cm^3，小麦堆在轴向压力 0～1 184 kPa 范围内时，小麦堆孔隙比为 0.750～0.589、压缩模量为 0.162～33.802 kPa、孔隙率为 42.8%～37.1%。

（4）每级压力下随着压力变大，粮堆密度同样变大；小麦堆的孔隙率最大为 42.8%、最小为 36.7%。

（5）压缩试验和公式计算结果存在部分差异，可能是由于试验过程中对于环境温度、湿度、时间等的控制不同、读数误差等非人为因素造成的。

第3章 小麦剪切特性的三轴试验

3.1 引 言

三轴仪器是测试试样强度及变形特性常用的仪器。早在20世纪30年代,Casagrande研制出第一台土工三轴试验仪器,而后得到广泛应用并不断发展,其测得的参数已成为工程设计时的重要依据。

三轴仪器是用在土工试验领域测试试样强度及变形特性常用的仪器,试样是柱形的,试验时从侧面施加一定的液体压力,并且保持温度不变,试验测得的参数为工程设计提供重要依据。三轴仪器根据不同的因素分类方法有多种,三轴仪器一般分为静三轴仪和动三轴仪两类。近些年来,随着科技的进步,三轴试验在试验技术和仪器设备等方面都得到很快的发展,不仅用于土工试验中,还涉及粮食、煤炭、建材等领域。

3.2 三轴试验方法

3.2.1 仪器介绍

三轴剪切仪一般是由主机、压力系统、测量系统和采集系统等构成的,其中压力系统主要有压力室、围压的控制装置、反压的控制装置和轴向力控制装置等;测量系统主要有轴向变形测量、轴向压力测量、孔隙水压力测量、体积变化测量等;采集系统包括荷重施加、记录数据、处理数据和图片显示。

3.2.1.1 主机

三轴剪切仪主机加载框架由横梁、底座及承台组成。采用步进电机和涡轮传动技术相结合为仪器提供动力源,运转时噪声极小且运转平稳。钢柱支撑整个框架,结构坚硬,承载力高,不易变形,可靠耐用,横梁放在钢柱上,荷重传感器在横梁下方,与试样上端接触;底座是升降式的,量程为40 mm,底座升降的速度可以通过按键控制,也是试验影响因素中剪切速率的控制，试验进入剪切阶段时，底座逐渐上升，试样开始发生轴向变形；承台上有多功能的按键，可以简单、快捷地操作仪器。主机加载框架通过 RS232 接口与电脑连接，由电脑控制加载，也可以通过按键独立使用。

3.2.1.2　压力系统

1. 压力室

压力室包括由透明性好的有机玻璃制作而成的压力室罩和压力室底座，通过螺旋杆连接形成封闭性好的设备，底座上的几个接口分别连接试样和测量设备各管路。压力室内部放置试样，试验时通过室内充满的水对试样加围压。

2. 围压控制装置

以前通常采用水银进行控制，随着科技进步，环保意识逐渐增强，发现水银不仅对空气污染严重，更危害人体健康，因此慢慢不被使用。还有一些设备通过氮气瓶对水施加压力，也存在着一定的弊端。随着科研的进步，现在的三轴仪大多通过围压控制器使压力水通过底座上的进排水孔进入压力室并作用在试样周围。

3. 反压控制装置

反压加载控制可以使试样饱和更为充分，反压控制器通常与试样内部相通，通过底座反压接口与反压控制器连接施加反压。它不仅可以排出与控制器连接的橡胶管内的气体，减小试验误差；还可以测试非饱和试样剪切阶段体积的变化，更好地反映试样的剪胀性。

4. 轴向力控制装置

轴向力控制装置通过轴向活塞杆加压到试样顶部，轴向压力的控制形式有两种：一种是应变式控制；另一种是应力式控制。应变式控制三轴仪施加荷重的方法是控制试样的应变速率，该方法操作简单方便，还能测试试样的峰值强度，应用范围较广。应力式控制三轴仪加载方式是通过框架一级一级对试样施加轴向力，操作步骤烦琐，用途不广。

3.2.1.3　测量系统

试验过程中，试样的轴向变形通常使用位移表记录，位移表采用电子计数且与计算机相连，数据直接传输到计算机中方便数据采集。

1. 轴向压力测量

试验时，对试样施加的轴向荷载轴通过活塞杆传递至压力传感器。轴向力的施加方式因控制方式的不同而有所差异，详细步骤见轴向力控制装置内容。

2. 孔隙水压力测量

孔隙水压力是剪切时试样因围压或反压的施加产生的,测量仪器一般有零位指示器和压力传感器两种:前者通过施加外力保证指示器水平面不变,后者与计算机及底座直接连接,使用便捷且误差小。

3. 体积变化测量

试验过程中体积的变化是一个重要的测量参数,测量体积变化的常用方法有两种:一种是在试样底座接口处接一根量管,剪切过程中试样的体积变化根据量管内水位的变化显示;另一种测量方法是用调压筒,在底座连接口处接一个调压筒,剪切过程中试样的体积变化根据调压筒活塞的变化显示。

3.2.1.4 采集系统

三轴试验数据采集有一个专门的软件系统,它不仅能够进行仪器操控、数据收集以及数据处理,还能够显示数据及图形的实时状态。此外,可以提前设定一个破坏准则,该系统能够根据该准则来确定试样有没有破坏,以此来判定是否要停止试验。

三轴试验数据采集板块设置一般有以下过程:

(1)确定试样的基本参数,将试样参数(如高度、直径等)输入到采集板块对应位置处。

(2)不同的工程对应不同的试验路径,确定试验过程,选择试验阶段,设置试验板块参数。

(3)试验结束后,点击“数据转换”按钮,数据采集模块根据编程设定等将试验得到的原始数据转换为人们需要得到的试验数据,并且将其显示在屏幕上,同时也会将数据保存至计算机上以供选择。

本章使用三轴仪对小麦进行不同影响因素下的三轴剪切试验,探讨剪切速率、孔隙率、围压等因素的变化对小麦强度特性和剪切体变特性的影响规律。根据试验数据,从试样的应力—应变关系、内摩擦角及黏聚力大小讨论各影响因素对小麦强度参数的影响。

3.2.2 三轴试验过程

3.2.2.1 试验步骤

1. 试样制备

首先,在试样底座上先放透水石再放滤纸,然后把试验用橡皮膜套在试样底座上并用两根皮条固定,接着放置对开模,把橡皮膜上部向外翻转到对开模上,分成倒入样品,然后从上到下放置滤纸片、透水石和试验上帽,把橡皮膜翻卷,使其与试验上帽接触,用皮条把橡皮膜和试样上帽固定。把试样帽扎紧,最后去掉对开模,见图3-1。

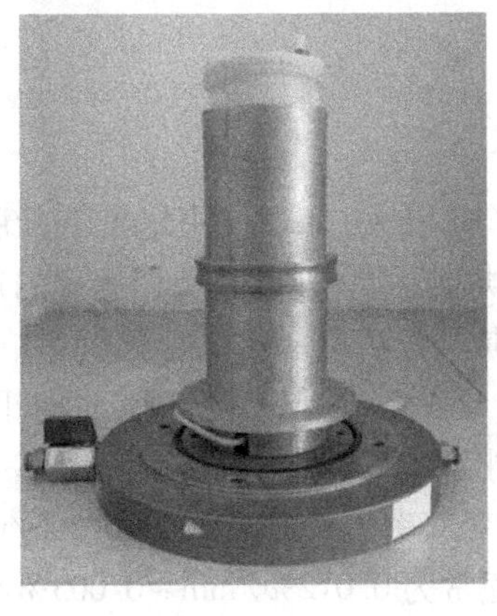
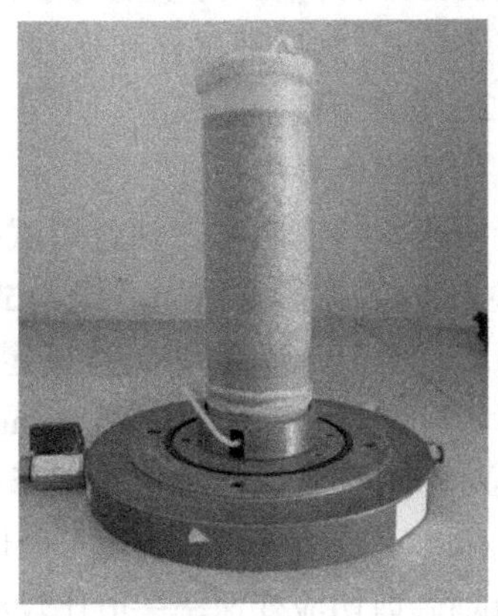

图3-1　试样制备

2. 荷载的施加

压力室罩的固定:首先把压力室上端的活塞杆向上提,然后把压力室罩放在底座上,使活塞杆处于试样帽中间位置,并与试样帽接触,然后匀力对称地把压力室罩和底座通过螺旋杆紧密连接在一起,接着把压力室整体放在升降底座上。

压力室注水:首先拧开压力室上部的排气帽,通过围压口或进出水口向压力室注满烧开的无气水,等到压力室的水从上端排气孔流出时,停止充水,然后把压力室排气帽拧上。充水完成后检查各管线是否连接完好。

在三轴软件控制模板上设置试验需要的轴向力和周围压力,轴向力通过活塞杆传给试样;周围压力通过腔内水体传给试样。

3. 试样体变测量

安装位移表:将底座上升,使压力室活塞杆与荷重传感器接触。然后把位移表装上,确保表针和荷重传感器上钢板接触。在此期间,对围压和反压体积控制器进行充水,确保试验的顺利进行。

连接管路:压力室围压口与控制器围压管相连,孔压传感器与压力室孔压口相连,压力室反压口与控制器反压管相连接,剪切过程中,试样体积的变化通过反压体积的变化反映,数据记录在反压体积中。试验时,检测管路是否连接好。

做三轴试验:创建试验所需模块,设置试验具体参数,开始进入试验。试验达到设定应变值时,结束试验。先把压力室的压力值降到零,再把压力室排气孔打开,排空压力室里的水,取下压力室,反向拧动螺旋杆使压力室罩与底座分开,然后把试样卸下。

3.2.2.2 影响因素

1. 剪切速率影响

剪切速率的控制对三轴剪切试验影响很大,其不仅决定了试验所需时长,更对试验数据影响巨大。根据试验类型不同,其试验剪切速率的选择亦不相同。对于UU试验,因为在一定范围内剪切速率对试样强度影响不大,故其剪切应变速率一般为0.5%/min～1.0 %/min;对于CU试验,因其试验特性对不同土质试验时速率选择不同,对于黏质土剪切应变速率一般为0.05%/min～0.1%/min,粉质土剪切应变速率为0.1%/min～0.5%/min;对于CD试验,剪切应变速率一般比较小,通常为0.012%/min～0.003%/min。

小麦属于散体颗粒,剪切速率的选择可以参考粗粒土的剪切速率,结合小麦自身特点及其他类似散体颗粒的剪切速率,确定本次试验剪切速率为0.1 mm/min、0.2 mm/min、0.5 mm/min、1.0 mm/min。从而对同一密实度、围压等条件下,分析剪切速率变化时对应力—应变关系、内摩擦角及黏聚力等强度参数的影响。

2. 孔隙率影响

粮食的孔隙率是粮食颗粒间孔隙所占体积与粮食总体积的比。粮食孔隙率的大小受粮食颗粒形状、尺寸大小、颗粒含水量及粮堆的高度等因素的影响。孔隙率随粮食颗粒尺寸的增大而变大,随其减小而减小。试样孔隙率的不同对试验结果影响很大,粮食自身特性受环境影响的程度与粮食的孔隙率有很大的关系,粮食孔隙率越大,越容易被周围环境影响。粮食堆温度、湿度也容易被环境变化所改变,粮食孔隙率越小,环境变化对粮食产生的影响就越小。因此,需要研究不同储存条件下小麦的力学特性,从而更科学地存粮。

本书采用试样装样质量来表述。根据试验,确定装样质量分别为280 g、310 g、340 g。

3. 围压影响

围压是三轴试验中影响试样抗剪强度的重要因素,改变围压的大小可以模拟出该荷重处颗粒剪切强度的影响,因此认为抗剪强度是围压的函数。抗剪强度的计算一般参照土力学中库仑定理公式进行计算,即剪切破坏时剪应力和法向应力为线性关系。但近年来一些相关资料显示,高围压的条件下,强度曲线并不是一条直线,而是有一定向下弯趋势的曲线,见图 3-2。由此可知,线性强度公式并不能普遍应用于抗剪强度计算中,所以就出现了非线性的抗剪强度表示方法来对其进行补充。

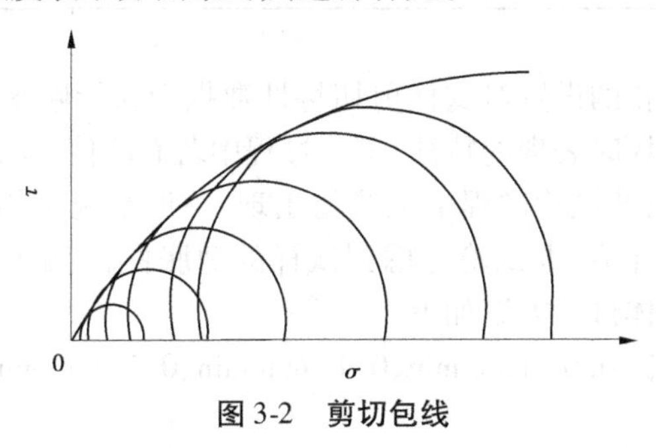

图 3-2　剪切包线

陈梁生等认为对于非线性的强度包线,可对强度包线进行分段,能更好地反映工程中的实际受力情况。根据每小段法向应力和其包线交点分别做出切线,该切线和横轴 σ 轴所成角度即是内摩擦角 φ 的大小,在纵轴 τ 轴上的截距是黏聚力大小。当法向应力不同时,可以同样得到不同的强度参数 c、φ 值,此时库仑公式中的 c、φ 值不是常数,而是随着平均法向应力的变化而变化的变量。

本章通过三轴试验研究仓内某高度受荷情况下小麦的力学性质,根据有关试验的资料统计及粮食本身的特点,模拟出粮仓深度 30 m 处的小麦承受力大小,麦粒重度 8.0 kN/m^3,该处小麦受力为 8.0 $kN/m^3 \times 30\ m = 240\ kN/m^2 = 240\ kPa$,所以试验时试样的最高荷重设定为 300 kPa,以此为依据,试验选用压力分别是 50 kPa、100 kPa、200 kPa、300 kPa。

综合上述影响因素,本试验主要研究剪切速率、密实度、围压等因素对小麦应力—应变及体变—应变关系的影响,从而得到小麦颗粒的强度特性、剪胀特性等随剪切速率、孔隙率、围压各因素的变化规律。三轴试验试样的尺寸选取必须满足试样高度(H)与试样直径(D)的比值为 2.0 ~ 2.5,即 $H/D = 2.0 \sim 2.5$。试样颗粒允许值与试样直径也应满足一定关系,见表 3-1。由试验测得小麦的平均粒径 $d = 6.05$ mm,结合表 3-1 中试样粒径与试样直径的关系,可以算出试样直径为 $D > 10d = 60.5$ mm,故选用直径为61.8 mm、高为125 mm的试样满足要求。因为试样颗粒的各向异性，装样时允许出现少量粒径偏大的颗粒，但是粒径不能大于试样直径的1/5。

表3-1 试样直径与粒径关系

试样直径 D(mm)	试样最大粒径 d(mm)
$D<100$	$d<1/10D$
$D>100$	$d<1/5D$

试验破坏停止的设置对试样剪切特性数据记录影响很大，根据试样本身的性质及其破坏时表现的特征，试验过程中若有峰值，那么试样达到峰值时视为试样破坏；若试验过程中无峰值出现，一般情况采用应变为15%的主应力差作为破坏值，本试验考虑到试样的剪胀性，当试验应变达到20%时停止试验。具体试验方案如下。

(1)剪切速率：0.05 mm/min、0.1 mm/min、0.2 mm/min、0.5 mm/min、1.0 mm/min。

(2)装样质量：280 g、310 g、340 g。

(3)围压：50 kPa、100 kPa、200 kPa、300 kPa。

3.3 试验结果分析

3.3.1 应力—应变关系

3.3.1.1 不同剪切速率影响

小麦水分含量为11.9%，容重为801 g/L，比重为1.31，剪切速率分别为0.1 mm/min、0.2 mm/min、0.5 mm/min、1.0 mm/min，围压分别为50 kPa、100 kPa、200 kPa、300 kPa，试样质量由280 g到340 g变化。典型试样的应力—应变关系曲线如图3-3～图3-5所示。从小麦的应力—应变关系曲线图可以得知，围压较小时，其应力—应变关系曲线无明显软化现象，初始阶段有些曲线并不是完全均匀平滑，局部某些点会有少许波动，但是总体变化趋势比较明显。可能是由于小麦试样颗粒较大，试验时试样发生剪切时某些颗粒应力过于密集，导致应力值比小麦颗粒间的强度大，使应力值有波动，然后随着应变的继续，小麦颗粒位置发生重组，试样内部恢复平衡。由图3-3得知，应变越大，试样的偏应力值也逐渐增大。试验初始阶段表现为弹性变形阶段,即应力—应变关系基本保持线性增长,并且围压越大,初始斜率越大,这是因为试验时小麦颗粒的位置排列发生了变化,沿着剪切破坏面重新组合,而且围压越高颗粒重新组合速度越快;随着轴向应力的增大,试样受压缩而发生剪切现象,这时应力—应变关系由弹性阶段向塑性阶段过渡,直到试样强度达到极限状态,这时试样强度稳定趋于某一值。

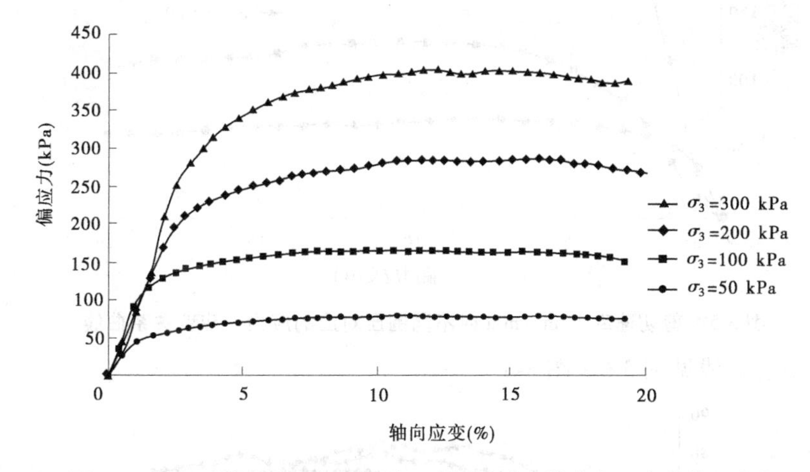

图 3-3　剪切速率 0.2 mm/min 时不同围压对应的应力—应变关系曲线

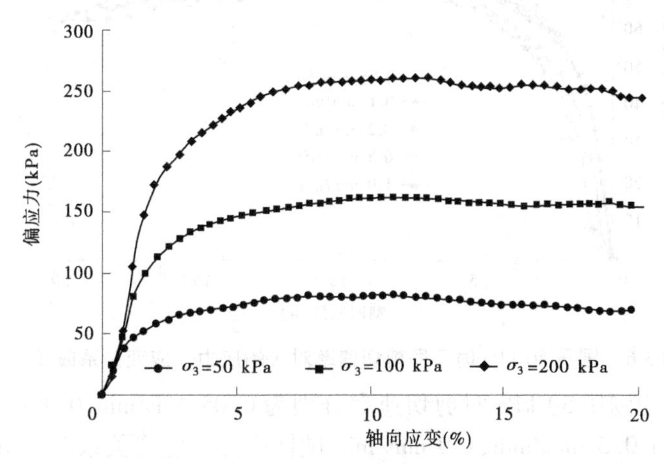

图 3-4　剪切速率 0.5 mm/min 时不同围压对应的应力—应变关系曲线

为了更系统地研究剪切速率对小麦力学特性的影响,对试验剪切结果进一步整理得到同一围压(50 kPa、100 kPa、200 kPa)下剪切速率对应的应

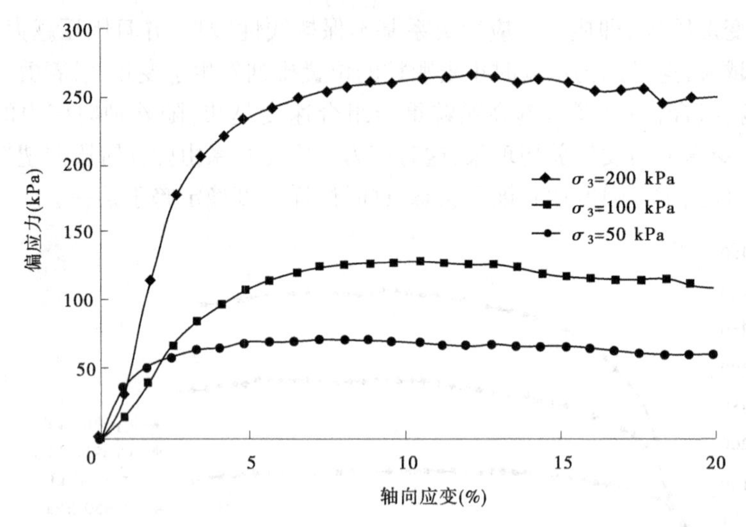

图 3-5　剪切速率 1 mm/min 时不同围压对应的应力—应变关系曲线

力—应变曲线见图 3-6～图 3-8。

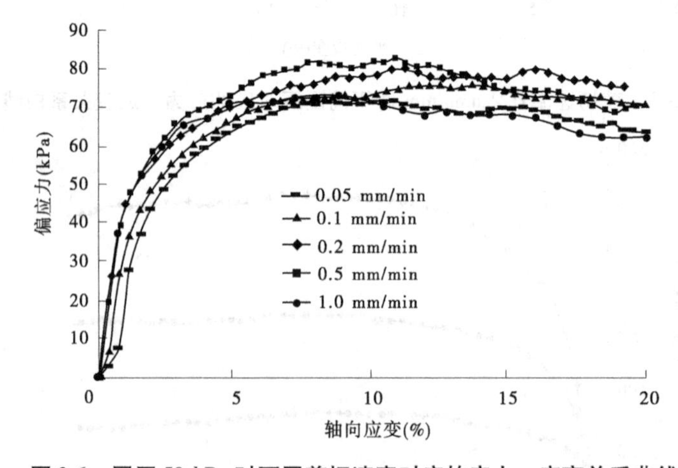

图 3-6　围压 50 kPa 时不同剪切速率对应的应力—应变关系曲线

图 3-6 为围压 50 kPa 时剪切速率分别为 0.05 mm/min、0.1 mm/min、0.2 mm/min、0.5 mm/min、1.0 mm/min 试样应力—应变关系图。由图 3-6 可知,不同剪切速率的试样显示的应力—应变曲线规律基本一致,随着应变的增加,偏应力逐渐增大,且趋于某一值。剪切速率在 0.05～0.5 mm/min 时,速率越大初始阶段斜率越大,即试样达到峰值所用时间越少,峰值强度越大;剪切速率为 1.0 mm/min 时,由于剪切速率相对较大,试验

所用时间较短，小麦颗粒间接触不充分，导致强度值偏小。

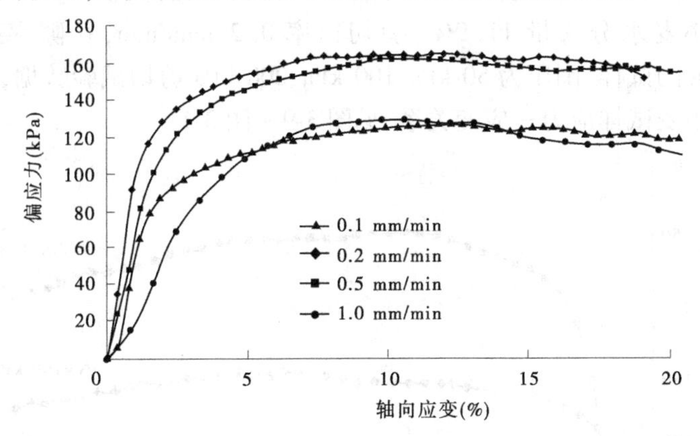

图 3-7　围压 100 kPa 时不同剪切速率对应的应力—应变关系曲线

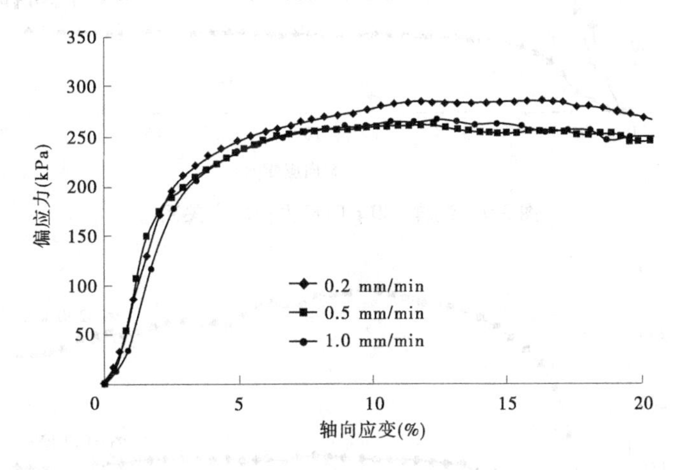

图 3-8　围压 200 kPa 时不同剪切速率对应的应力—应变关系曲线

由图 3-7 和图 3-8 可以看出，随着围压的增大，剪切速率为 0.2 mm/min 和 0.5 mm/min 的强度值相差不大。由此可见，虽然剪切速率对应的应力值及峰值强度有所不同，试样强度值在剪切速率改变时随之改变，但最大峰值与最小值相差不大，故剪切速率对试样强度值影响不大。剪切速率虽然对试验强度值影响不大，但是对其剪胀性影响很大，因此选择合理的剪切速率对三轴试验很重要，结合试验结果和相关文献，确定对孔隙率和围压进行分析时，剪切速率定为 0.2 ~0.5 mm/min。

3.3.1.2　不同孔隙率影响

根据小麦水分含量 11.9%，剪切速率 0.2 mm/min，孔隙率分别是 280 ~ 340 g 的试样，围压为 50 kPa、100 kPa、200 kPa 剪切试验数据，得到不同孔隙率小麦试样应力—应变关系，见图 3-9 ~ 图 3-11。

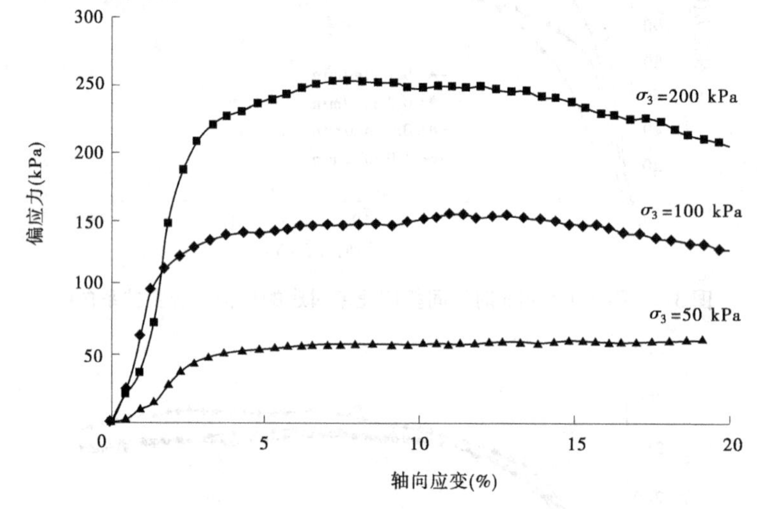

图 3-9　装样 280 g 时应力—应变关系

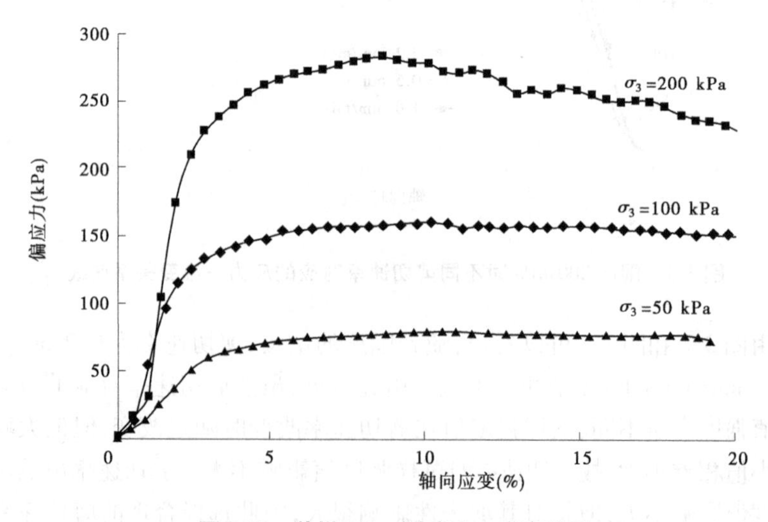

图 3-10　装样 310 g 时应力—应变关系

由图 3-9 ~ 图 3-11 可知，不同孔隙率（装样质量）影响下小麦试样应力

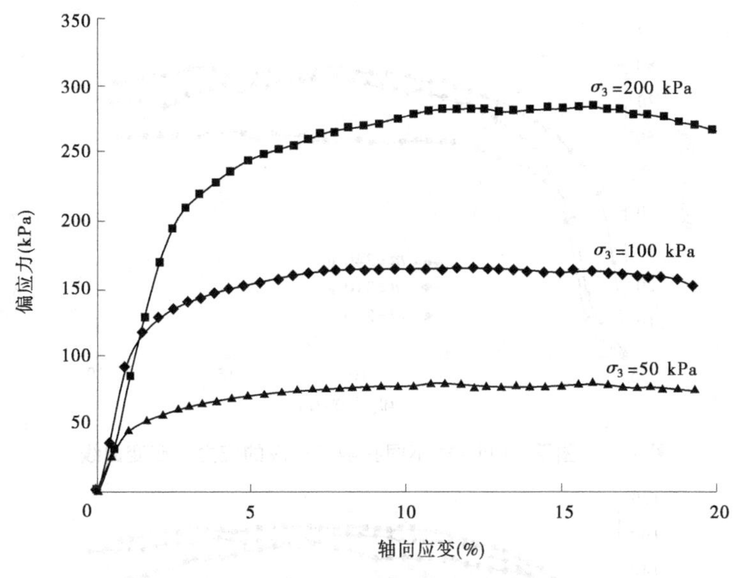

图 3-11　装样 340 g 时应力—应变关系

均随着应变的增大而增大，达到峰值后，逐渐趋稳并有下降的趋势。装样质量为 280 g 和 310 g 时，围压为 50 kPa 和 100 kPa 的应力—应变关系曲线在小围压下没有明显软化特性，但是围压为 200 kPa，其应力—应变关系有软化现象。由此可见，试样的孔隙率(装样质量)对小麦应力—应变关系影响较大，同时，在孔隙率相同的情况下，围压的影响也不可忽视。

为了更系统地分析不同孔隙率时小麦强度特性的变化，进一步整理试验结果得到同一围压(50 kPa、100 kPa、200 kPa)下孔隙率变化时对应的应力—应变曲线，见图 3-12 ~ 图 3-14。

小麦试样的孔隙率越小(装样质量越大)，其初始阶段斜率越大，应力—应变曲线也越陡，峰值强度越高；相反，孔隙率越大(装样质量越小)，小麦试样越松散，应力—应变关系曲线达到峰值强度越低。孔隙率越小的试样，达到峰值强度后越容易发生强度下降的趋势，围压越大，也越容易发生峰值强度下降的趋势。装样质量为 280 g 的小麦试样，装样时自由落体散落在橡皮膜内，没有任何捣实措施，试样整体相对松散，越难发生有峰值强度后的下降趋势的结果；装样质量为 340 g 时，试样较密实，其应力—应变曲线在围压较大时表现出更大的软化现象，装样质量为 310 g 时，试样相对密实，小围压下，其应力—应变关系曲线均无明显软化现象，但围压增加，

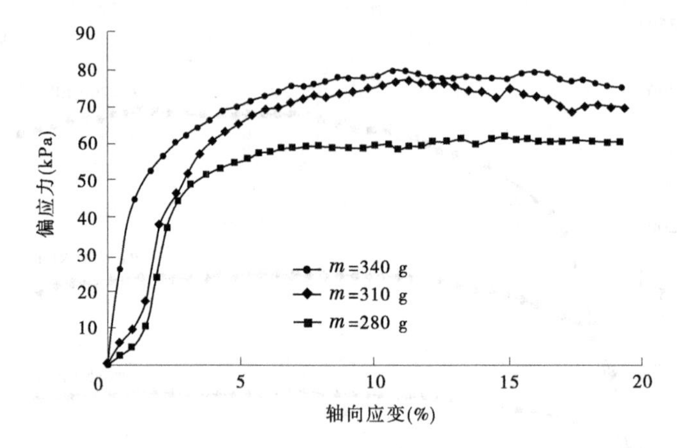

图 3-12 围压 50 kPa 时不同孔隙率对应的应力—应变曲线

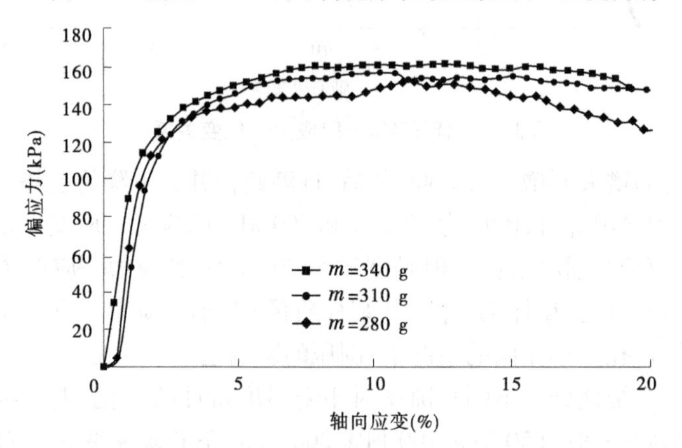

图 3-13 围压 100 kPa 时不同孔隙率对应的应力—应变曲线

其软化现象增加。

可见,装样质量越大(越密实),峰值强度越高,越容易发生软化现象,围压对其软化现象越明显。装料质量越小,试样剪切过程中处于不断密实阶段,越不容易发生软化现象。围压越大,越容易发生软化现象。

3.3.1.3 不同围压影响

围压是三轴剪切试验的一个重要影响因素,通常与其他因素共同影响试验结果。结合剪切速率和孔隙率作用,分别通过 2 组试验分析围压对小麦试样应力—应变曲线的影响。

第 1 组试验,小麦水分含量 11.9%,装样质量 340 g,剪切速率 0.2

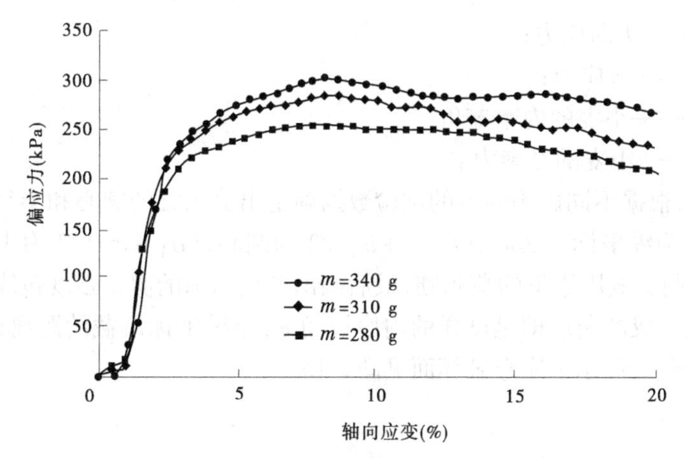

图 3-14　围压 200 kPa 时不同孔隙率对应的应力—应变曲线

mm/min,围压分别为 50 kPa、100 kPa、200 kPa、300 kPa。试验结果如图 3-3 所示,偏应力值随轴向应变的增加逐渐增大,应力—应变曲线低围压时无明显软化现象,试验初始阶段应力—应变曲线基本保持线性增长,并且围压越大,初始斜率越大,应力—应变曲线越陡,这是因为试验时小麦颗粒的位置排列发生了变化,沿着剪切破坏面重新组合,围压越高,颗粒重新组合速度越快,越容易发生软化现象;随着轴向应力的增大,试样受压缩而发生剪切现象,这时应力—应变关系由弹性阶段向塑性阶段过渡,直到试样极限值,这时试样剪切强度稳定趋于某一值,并有下降的趋势,峰值随围压增大而增大。

第 2 组试验,小麦水分含量 11.9%,装样质量 280 g,剪切速率 0.2 mm/min,围压分别为 50 kPa、100 kPa、200 kPa。试验结果如图 3-9 所示,围压 50 kPa 和 100 kPa 时,应力—应变曲线仍然呈硬化现象,没有软化趋势,但是随着围压的增大,围压为 200 kPa 时应力—应变有软化趋势,由此可见围压对小麦应力—应变曲线有较大影响。原因是小麦试样密实度低,随着围压的增加,试样逐渐被压缩,小麦颗粒位置发生变化,重新排列,导致试样强度降低。

3.3.2　小麦强度分析

通过莫尔 - 库仑强度包线可计算出小麦的强度指标参数内摩擦角 φ 与黏聚力 c。莫尔 - 库仑强度理论公式如式(3-1)所示:

$$\tau = c + \sigma\tan\varphi \tag{3-1}$$

式中　σ——法向应力；

τ——剪应力；

φ——小麦的内摩擦角，

c——小麦的黏聚力。

首先，根据不同影响因素的试验数据确定出莫尔圆的圆心和半径，σ 为横坐标，τ 为纵坐标。然后，以 $(\sigma_1+\sigma_2)/2$ 为圆心，$(\sigma_1-\sigma_2)/2$ 为半径，分别画出不同影响因素下的莫尔圆，最后画出各莫尔圆的剪切强度包线，该包线与 σ 轴所成的角度即是试样的内摩擦角 φ，与纵坐标所截的距离即为试样的黏聚力 c，莫尔－库仑破坏面见图 3-15。

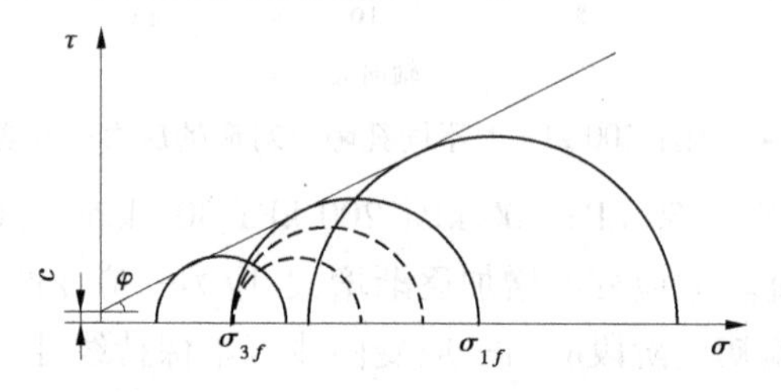

图 3-15　莫尔－库仑破坏面

一般把砂土的黏聚力当作零，而小麦由于其颗粒的形状和大小相对匀称，颗粒之间的孔隙不会有细小的颗粒填充，进而在剪切过程中小麦试样颗粒之间的接触面积相对比较大，因此小麦颗粒间具有一定大小的黏聚力。

由莫尔－库仑理论，根据三轴试验的数据整理得出小麦两个主要强度参数，即内摩擦角 φ 和黏聚力 c。本书通过剪切速率、孔隙率、围压等因素的不同，讨论其对小麦内摩擦角 φ 和黏聚力 c 的影响。

3.3.2.1　不同剪切速率下强度参数的影响

对小麦水分含量为 11.9%，孔隙率为 30%，围压分别为 50 kPa、100 kPa、200 kPa，剪切速率分别为 0.2 mm/min、0.5 mm/min、1.0 mm/min 的试验结果进行整理计算，画出其相应的莫尔圆，见图 3-16。

由图 3-16 不同剪切速率的莫尔圆的公切线得出其对应的内摩擦角 φ 及其黏聚力 c 的大小（见表 3-2）。由表 3-2 可知，剪切速率在 0.2～1.0 mm/min 时，小麦内摩擦角 φ 为 23.54°～24.65°，影响不大；黏聚力 c 为 2.35～5.21 kPa，影响也不大。

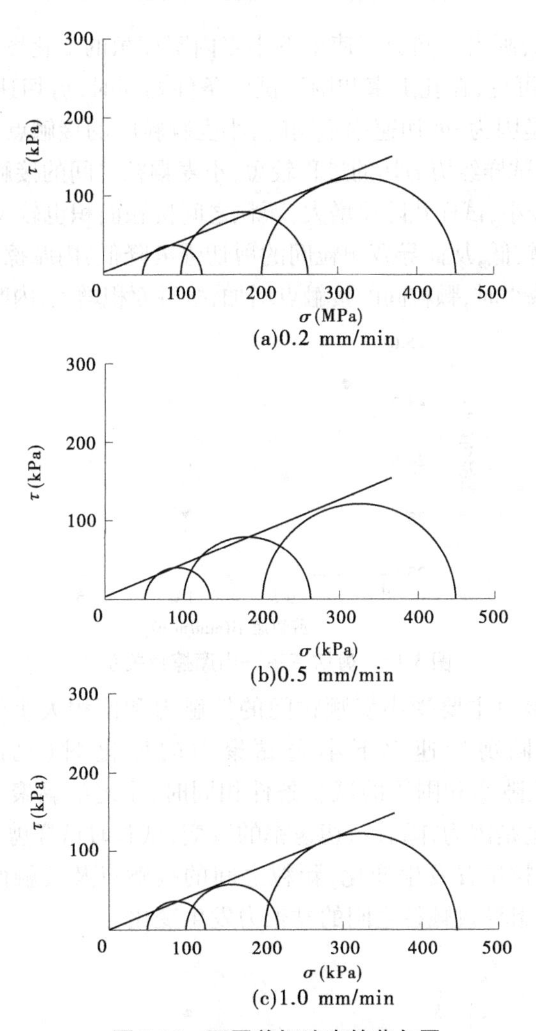

图 3-16　不同剪切速率的莫尔圆

表 3-2　不同剪切速率的 c、φ 值

剪切速率 (mm/min)	内摩擦角 φ(°)	黏聚力 c(kPa)
0.2	24.65	2.35
0.5	23.84	3.48
1.0	23.54	5.21

根据表 3-2，画出不同剪切速率下小麦内摩擦角的变化图，如图 3-17 所示。由图 3-17 可见，在孔隙率和围压试验条件相同时，剪切速率越大，内摩擦角越小。这是因为，剪切速率不同时，小麦颗粒间的接触点也不相同。剪切速率较大时，试样经历剪切的过程较短，小麦颗粒之间的接触点较少，试样剪切变形程度较小，试样孔隙比增大，颗粒之间接触面积也较少，在受压相同时，剪应力相对较低，从而导致颗粒间的剪切强度降低，内摩擦角减小；同样，剪切速率逐渐减小时，颗粒间的接触点增加，接触面积增大，内摩擦角增大。

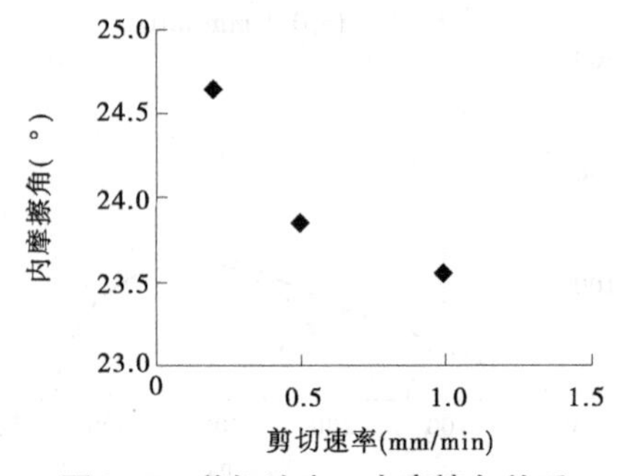

图 3-17　剪切速率—内摩擦角关系

小麦的黏聚力主要受小麦颗粒间的接触力和面积大小的影响。根据表 3-2，画出不同剪切速率下小麦黏聚力的变化图（见图 3-18）。由图 3-18 可见，孔隙率和围压的试验条件相同时，小麦的黏聚力随剪切速率增大而增加。这是因为，随着剪切速率的改变，试验时试样剪切过程所用时间不同，小麦颗粒位置发生变化，颗粒之间的接触点及接触面积也发生改变，颗粒间的重组导致颗粒之间的黏聚力发生变化。

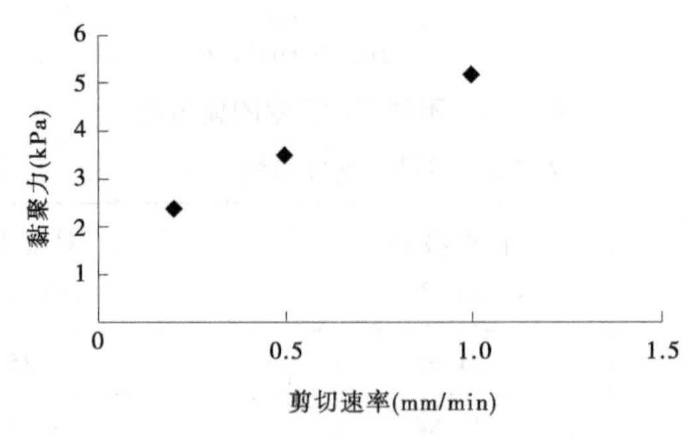

图 3-18　剪切速率—黏聚力关系

3.3.2.2　不同孔隙率下强度参数的影响

对小麦水分含量为 11.9%，剪切速率为 0.2 mm/min，围压为 50 kPa、100 kPa、200 kPa，装样质量为 280 g、310 g 和 340 g 的试验结果进行整理计算，画出其相应的莫尔圆（见图 3-19）。

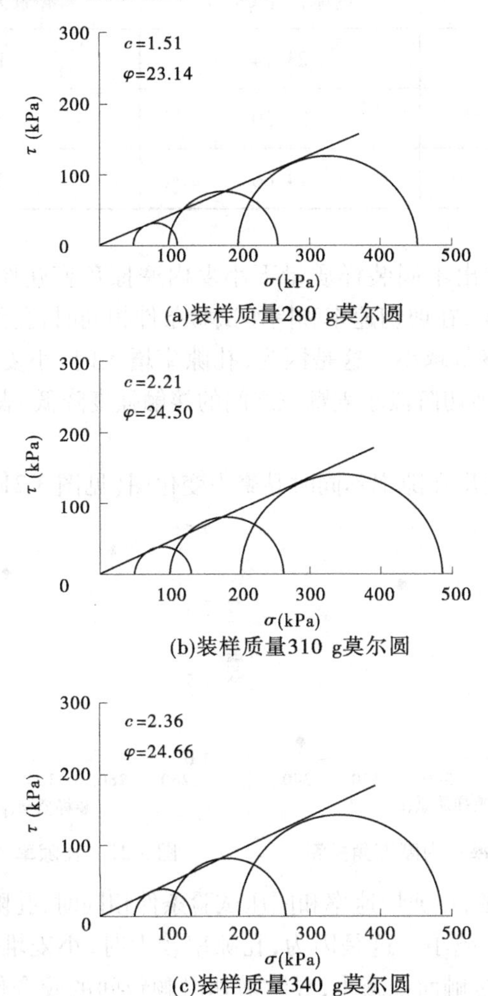

图 3-19　不同孔隙率的莫尔圆

由不同孔隙率的莫尔圆的公切线得出其对应的内摩擦角 φ 及其黏聚

力 c 值(见表3-3)。由表3-3可知,不同装样质量下,小麦内摩擦角 φ 为23.14°~24.66°,黏聚力 c 为1.51~2.36 kPa。

表3-3 不同孔隙率的 c、φ 值

装样质量(g)	内摩擦角 φ(°)	黏聚力 c(kPa)
280	23.14	1.51
310	24.50	2.21
340	24.66	2.36

根据表3-3,画出不同装样质量下小麦内摩擦角变化图,如图3-20所示。由图3-20可见,在剪切速率和围压试验条件相同时,孔隙率越大(装样质量越小),内摩擦角越小。这是因为,孔隙率增大时,小麦颗粒之间的接触面积减小,导致剪切阶段小麦颗粒之间的接触强度降低,表现为小麦的内摩擦角减小。

根据表3-3,画出孔隙率不同时黏聚力变化图(见图3-21)。

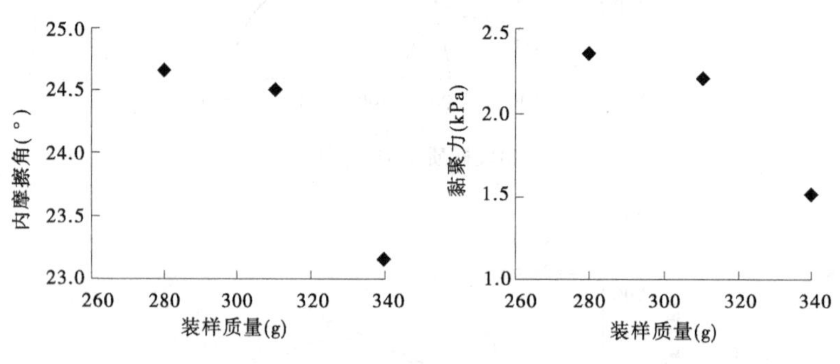

图3-20 孔隙率—内摩擦角关系　　图3-21 孔隙率—黏聚力关系

由图3-21可见,在剪切速率和围压试验条件相同时,孔隙率越大(装样质量越小),黏聚力越小。这是因为,孔隙率较大时,小麦堆积的孔隙率减小,小麦颗粒间的接触面积减小,导致剪切时颗粒间的咬合作用逐渐减弱,表现为小麦的黏聚力减小;孔隙率较小时,颗粒间的咬合力增强,即黏聚力逐渐加大。

3.3.2.3 不同围压下强度参数的影响

对小麦水分含量为11.9%,装样质量为340 g,剪切速率为0.2

mm/min，围压为 25 kPa、50 kPa、100 kPa、200 kPa、300 kPa 的试验结果进行整理计算，画出其相应条件下的莫尔圆，如图 3-22 所示。其中，图 3-22(a)中围压为 25 kPa、50 kPa、100 kPa，图 3-22(b)中围压为 50 kPa、100 kPa、200 kPa，图 3-22(c)中围压为 100 kPa、200 kPa、300 kPa，后文对不同围压等级对内摩擦角 φ 及黏聚力 c 的影响分析中，分别以 a、b、c 点表示这 3 组围压对应的试验结果。

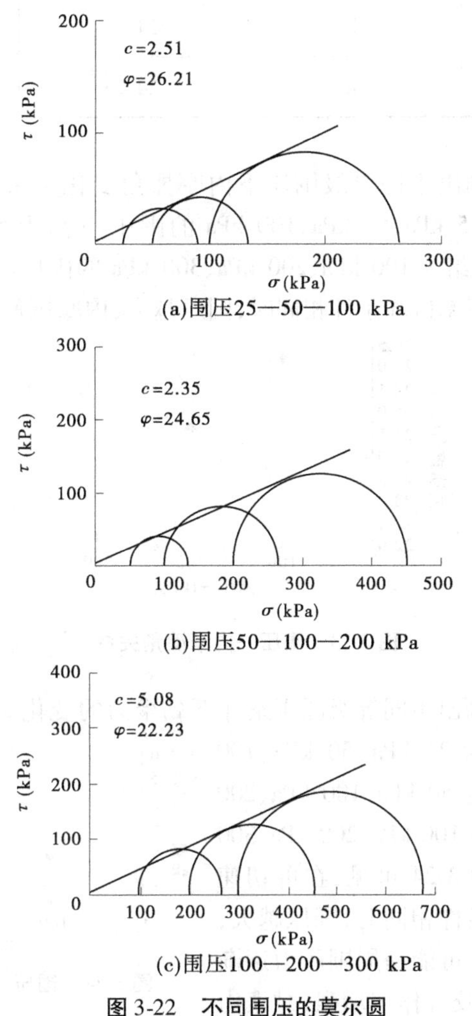

图 3-22　不同围压的莫尔圆

由图 3-22 中围压改变时的莫尔圆包线得出其对应的内摩擦角 φ 及其

黏聚力 c 的值见表 3-4。由表 3-4 可知,围压在 25 ~ 300 kPa 的条件下,小麦内摩擦角 φ 为 22.23° ~ 26.21°,黏聚力 c 为 2.51 ~ 5.08 kPa。

表 3-4　不同等级围压的 c、φ 值

围压等级(kPa)	代表点符号	内摩擦角 φ(°)	黏聚力 c(kPa)
25—50—100	a	26.21	2.51
50—100—200	b	24.65	2.35
100—200—300	c	22.23	5.08

根据表 3-4,画出不同等级围压下内摩擦角变化关系图,如图 3-23 所示。其中 a 组为 25 kPa、50 kPa、100 kPa 的围压,b 组为 50 kPa、100 kPa、200 kPa 的围压,c 组为 100 kPa、200 kPa、300 kPa 的围压。由图 3-23可见,在剪切速率和孔隙率试验条件相同时,围压越大,内摩擦角越小。

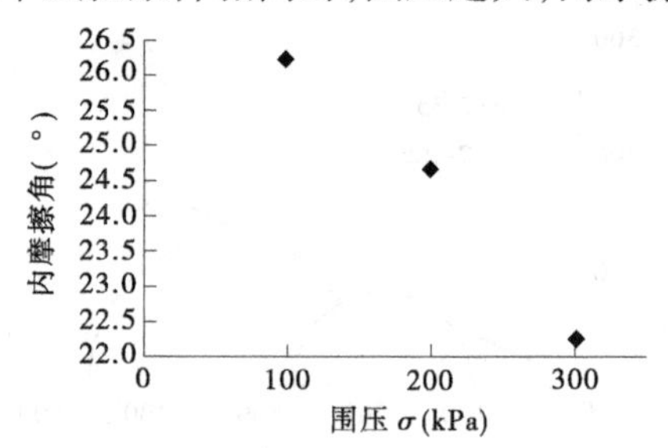

图 3-23　围压—内摩擦角关系

根据表 3-4,画出不同等级围压条件下黏聚力的变化关系图,如图 3-24 所示,其中 a 组为 25 kPa、50 kPa、100 kPa 的围压,b 组为 50 kPa、100 kPa、200 kPa 的围压,c 组为 100 kPa、200 kPa、300 kPa 的围压。由图 3-24 可见,在剪切速率和孔隙率试验条件相同时,围压越大,黏聚力越大。原因可能是周围压力逐渐增大时,颗粒之间咬合作用增强,黏聚力增加。

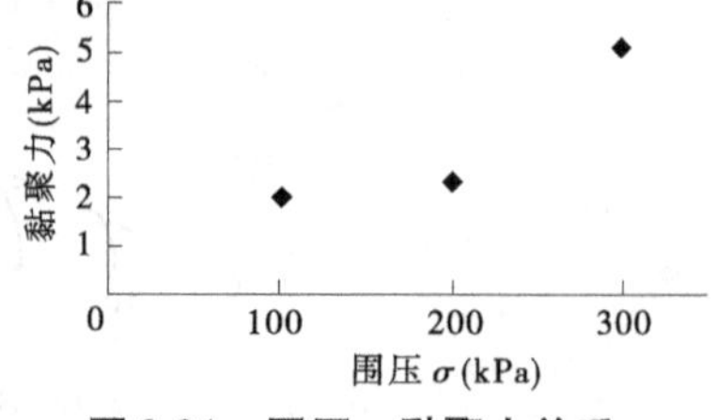

图 3-24　围压—黏聚力关系

第4章　小麦三轴试验离散元模拟

4.1　细观模型的建立

4.1.1　PFC^{3D}计算模型的选定

在三维颗粒流程序(PFC^{3D})中,最少的试验试样可由一个小球建立形成,但对于更多问题的解决,试验试样则需要成千上万的颗粒组成。当一个颗粒与另一个颗粒相互接触时就会产生一个点接触,同时一个颗粒也会和其他众多颗粒产生接触。这样,颗粒与颗粒之间的接触,颗粒与墙体之间的接触就会产生力链,力链的相互作用即是颗粒与颗粒、颗粒与墙体之间力的传递和能量之间的传递。数值模型中接触需要两个要素:一是需要两个颗粒;二是两个颗粒需要有一个接触点。在一个计算程序中,当颗粒运动时,这些接触就会产生非常显著的变化,它们的变化导致颗粒与颗粒之间力的变化。同时,在应用PFC^{3D}时,做了以下基本假设:

(1)认为颗粒是刚性的。

(2)接触的点或者面发生在相对很小的范围内。

(3)允许颗粒间产生重叠。

(4)根据力和位移的关系方程,重叠的量级与接触力有关,所有的重叠和颗粒尺寸关系很小。

(5)黏结存在于相互接触的颗粒之间。

(6)所有颗粒是圆形的,但允许产生由许多个刚性小球组成的不规则刚性集合体。

数值试验中,颗粒的整体运动行为由PFC^{3D}中的计算模型和每一个接触的变动控制。PFC^{3D}主要有3种计算模型:接触刚度模型、滑移模型、粘结模型。用这主要的3种计算模型对不同复杂程度的实际问题进行数值模拟,能够得到对实际问题很好地表达并适用于它们。

如图4-1所示,接触刚度模型表示的是力和位移之间的关系,其需要满足以下公式。

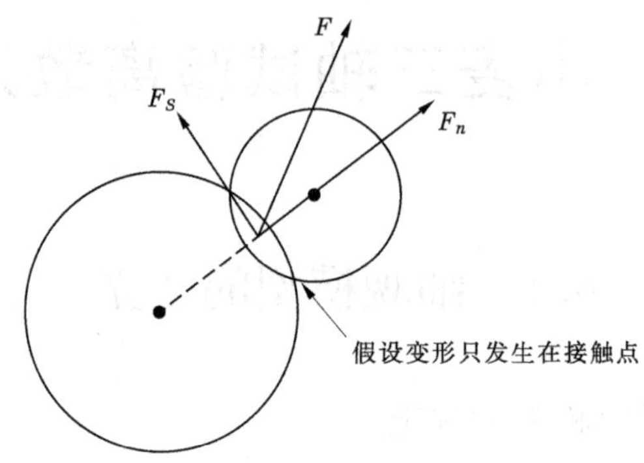

图 4-1 接触模型

(1)法向作用力:

$$F_n = k_n U_n \tag{4-1}$$

式中 k_n——法向刚度设定值;

U_n——法向的位移。

(2)切向作用力:

$$\Delta F_s = k_s \Delta U_s \tag{4-2}$$

式中 k_s——切向刚度;

ΔU_s——切向位移增加量。

式(4-1)、式(4-2)可以应用到不同的接触刚度模型中,而三维颗粒流程序内置了两种不同的接触刚度模型以供选择:线性接触模型和赫兹模型。但是两种模型不能同时应用于同一试验试样。线性接触模型通过"property"命令赋予颗粒两个关键词,即:k_n(颗粒法向刚度)、k_s(颗粒切向刚度)。当应用相应命令赋予颗粒刚度时,颗粒就会拥有相应的刚度性质。当应用相应命令赋予墙体刚度时,墙体就会拥有相应的刚度性质。如果在程序中没有设定相应的刚度值,则墙体和颗粒的刚度值就为0,此时不对刚度性质进行表达。线性接触模型是 PFC^{3D} 中的默认模型。赫兹模型需要赋予"ball"命令或者"generate"命令关键词"hertz",应用"shear"和"poiss"两个关键词替代 k_n 和 k_s。如果不设定关键词"shear"和"poiss",则赫兹模型不成立。赫兹模型是对接触力和位移的非线性关系的表达,它适用于颗粒与颗粒之间没有粘结、试验试样的应变较小、只有压应力这种限制较多的情况。一般情况下,应用线性接触模型就能对颗粒的力和位移进行正确的表达。

滑移模型是颗粒与颗粒接触和颗粒与墙接触的固有属性，当剪应力逐渐增大到一定程度时，剪应力的大小超过允许剪应力的最大值时，颗粒间的接触将会产生滑移或者分离。允许剪应力的值等于颗粒接触的最小摩擦系数与法向压应力的乘积，在 PFC^{3D}的加载过程中，滑移模型通过不断的调整剪应力的大小，使其不大于允许剪应力的最大值。滑移模型需要"property"命令赋予关键词"friction"，相应的关系式为：

$$F^s_{\max} = \mu \left| F^n_i \right| \tag{4-3}$$

式中　$F^s_{\max}$——剪应力最大值；

μ——接触颗粒的最小摩擦系数；

F^n_i——法向应力。

如果 $|F^s_i| > F^s_{\max}$，则通过设定 $F^s_i = F^s_{\max}$，可以允许颗粒在接触处发生滑动（在下一个计算循环中）。

$$F^s_i \leftarrow F^s_i \left(\frac{F^s_{\max}}{|F^s_i|} \right) \tag{4-4}$$

式中　F^s_i——法向应力。

PFD^{3D}提供了两种粘结模型，即接触粘结模型和平行粘结模型，如图 4-2和图 4-3 所示。接触粘结模型表述的是微小尺寸上的点接触，平行粘结模型作用于颗粒与颗粒的圆形交叉有限范围内。

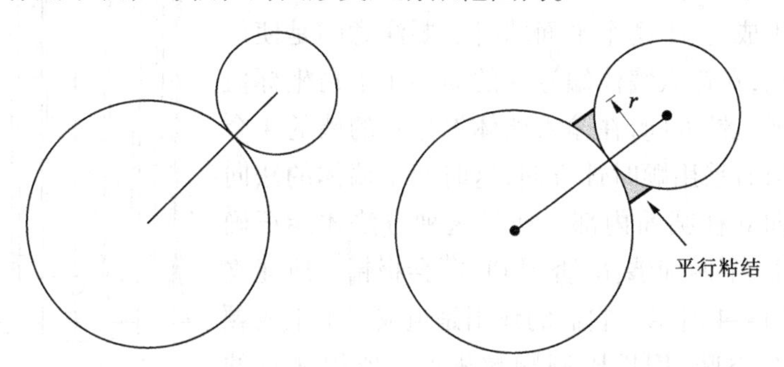

图 4-2　接触粘结模型示意　　图 4-3　平行粘结模型示意

接触粘结模型需要应用"property n_bond"和"property s_bond"命令，而平行粘结模型需要应用"property pb_nstrength"和"property pb_sstrength"命令来赋予颗粒不同的属性。在应用粘结模型运算中，颗粒与颗粒不产生相对分离，在应力超过一定值时，粘结的作用力就会遭到破坏。

平行粘结可以描述成由法向应力和切向应力作用在接触平面圆盘上的弹簧,其作用点在圆盘中心,它可以传输应力和力矩。力和力矩由粘结颗粒的最大切向应力和法向应力控制,如果切向应力和法向应力超过了它们的设定值,则平行粘结就会遭到破坏。平行粘结模型由 5 个关键词:"pb_kn""pb_ks""pb_nstrength""pb_sstrength""pb_radius"所限定。

本书应用线性接触模型来进行小麦三轴试验试样的数值模拟,其特点是细观参数较少、方法简单,可以很好地用于对小麦的各宏观参数的研究。

4.1.2　建立墙体

本书的数值模拟试验试样尺寸尽量与室内小麦三轴试验试样尺寸一致,故设置它们之间的比例为 1∶1,即高为 0.125 m,半径为 0.061 8 m。数值试验墙体共由两部分组成:①使用"wall"命令建立竖直的立柱圆筒,编号为 1。②使用"wall"命令分别建立由上、下两个方形平面组成的墙体,编号分别为 6、5。

在生成编号为 1 的墙体时,首先要设定圆筒上下两个圆的圆心坐标,设定相应的半径。如果生成圆筒,则上、下两个圆半径相同;如果生成圆台,则输入不同半径即可,另外需要加入"type cylinder"命令。在生成上、下两个平面墙时需要注意的是使用右手法则,在输入墙体编号 5 的墙的 4 个角坐标值时采用逆时针方向,在输入墙体编号 6 的墙的 4 个角坐标值时采用顺时针方向,这时两个墙体的法向方向指向立柱圆筒内部。通过这种方法才能正确地生成上、下两面墙体,否则 PFC^{3D} 会报错。所建立墙体如图 4-4 所示。它们的作用是组成一个生成颗粒的集合空间,用以限制颗粒逃逸。值得注意的是,圆筒墙体的刚度一般为颗粒刚度的 1/10。如果设定值太小,则颗粒容易逃逸;如果设定值太大,则不容易达到平衡,为数值试验带来诸多不便。上、下两面墙体的刚度与颗粒法向刚度的比值一般取 10,这样可以尽量模拟室内三轴试验的加载条件。

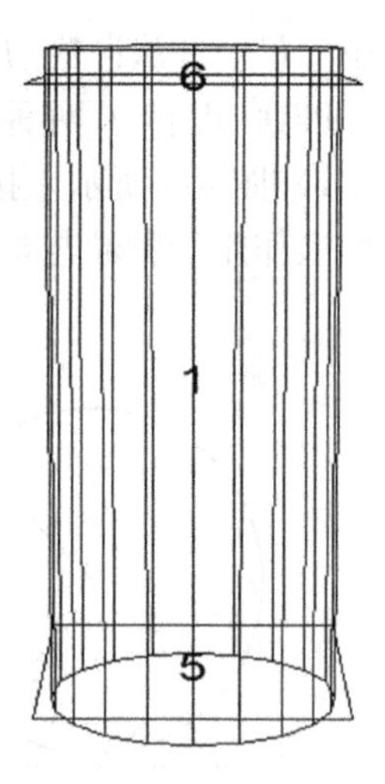

图 4-4　生成的墙体

4.1.3　匹配孔隙率生成试样及加载

对试验材料的室内三轴试验数值模拟时，为了数值模拟试验能反映材料的真实属性，则两者的孔隙率要保持一致。在实现孔隙率匹配生成试样时，有两种方法可供选择：一种是通过爆炸法生成；另一种是通过颗粒半径放大法生成。由于爆炸法生成试样对孔隙率进行匹配时颗粒的能量较大，容易使颗粒逃逸出既定范围，所以不容易控制，而采用颗粒半径放大法可以很好地控制生成试样颗粒的位置并且方法简单，故本书首先采用颗粒半径放大法。在应用颗粒半径放大法时，首先假定试样的孔隙率为 n。

n 的计算式为：

$$n = 1 - \frac{V_p}{V} \tag{4-5}$$

式中　V_p——试样颗粒总体积；

　　V——试样空间总体积。

试样空隙体积与颗粒体积的关系为：

$$nV = V - \sum \frac{4}{3}\pi r^3 \tag{4-6}$$

式中　r——颗粒半径。

$$\sum r^3 = 3V\frac{1-n}{4\pi} \tag{4-7}$$

$$\frac{\sum r^3}{\sum r_0^3} = \frac{1-n}{1-n_0} \tag{4-8}$$

式中　r_0——颗粒初始半径；

　　n——目标孔隙率；

　　n_0——初始孔隙率。

对试样中的颗粒半径放大 m 倍，即：

$$R = mR_0 \tag{4-9}$$

则有：

$$m^3 = \frac{1-n}{1-n_0} \tag{4-10}$$

将以上公式整合，则有：

$$n_0 = 1 - \frac{1-n}{m^3} \tag{4-11}$$

设定数值试验中的最小颗粒半径为 $r_{\min}$ 和最大颗粒半径为 $r_{\max}$，则有平均颗粒半径：

$$\bar{r} = \frac{r_{\min} + r_{\max}}{2} \tag{4-12}$$

数值模拟试验中，颗粒的总体积为：

$$V(1 - n_0) = N\frac{4}{3}\pi\bar{R}^3 \tag{4-13}$$

由式(4-13)整理可得生成的颗粒数目为：

$$N = \frac{3V(1 - n_0)}{4\pi\bar{R}^3} \tag{4-14}$$

PFC^{3D} 的使用者通过编写三维颗粒流程序自带的 fish 语言程序，编写以上各项公式并运行，即可实现孔隙率的匹配。

通过墙体的生成以及实现孔隙率的匹配，即可通过“generate”命令在指定的范围内生成指定孔隙率的颗粒，如图 4-5 所示。

在数值模拟试验的加载过程中，首先给试验试样施加围压，在达到目标围压时，保持围压不变，给上、下两个墙以一定速度进行加载，如图 4-6 所示。通过 PFC^{3D} 中的伺服系统进行控制，即可实现对数值试验试样的加载，其主要程序运行要满足以下公式。

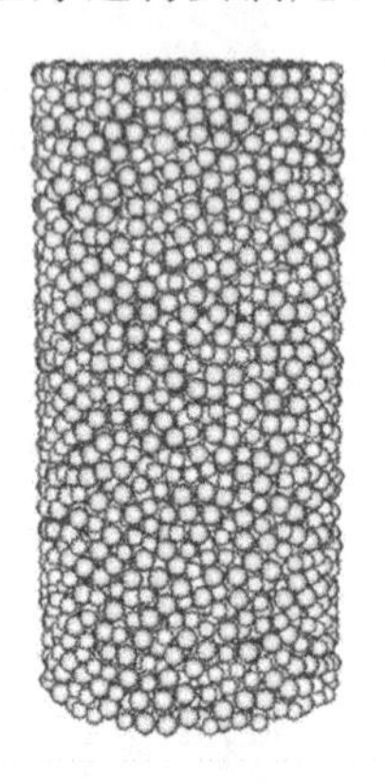

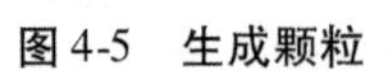

图 4-5　生成颗粒

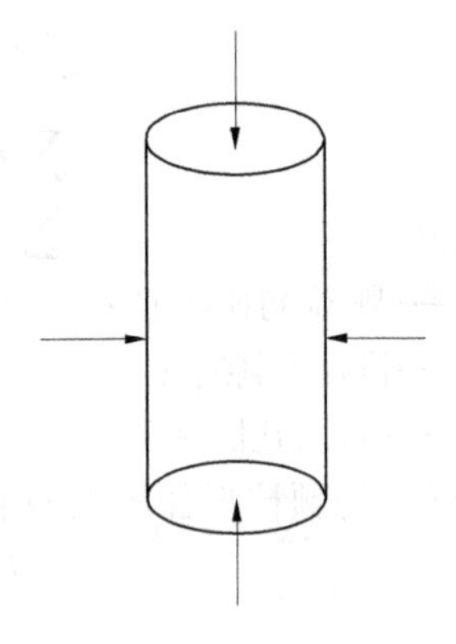

图 4-6　加载示意

墙体的移动速度为：

$$\dot{u}^{(w)} = G(\sigma^{\text{measured}} - \sigma^{\text{required}}) = G\Delta\sigma \tag{4-15}$$

式中　σ^{measured}——测量应力；

$\sigma^{required}$——目标应力；

G——模型参量。

在每一个计算时步内,墙体力的增量为：

$$\Delta F^{(w)} = \frac{k_n^{(w)} N_c \dot{u}^{(w)} \Delta t}{A} \tag{4-16}$$

墙体的平均应力增量为：

$$\Delta \sigma^{(w)} = \frac{k_n^{(w)} N_c \dot{u}_3^{(w)} \Delta t}{A} \tag{4-17}$$

式中　N_c——颗粒与墙体的接触数目；

$k_n^{(w)}$——颗粒和墙体接触的平均刚度；

A——墙体的面积。

为了达到平衡状态,墙体所受应力应符合以下公式,即：

$$|\Delta \sigma^{(w)}| < \alpha |\Delta \sigma| \tag{4-18}$$

式中　$\Delta \sigma^{(w)}$——墙体所受应力值；

$\Delta \sigma$——测量应力与所需应力的差值；

α——松弛因子,一般取值 0.5。

把式(4-15)和式(4-17)代入式(4-18)得：

$$\frac{k_n^{(w)} N_c G |\Delta \sigma| \Delta t}{A} < \alpha |\Delta \sigma| \tag{4-19}$$

从而可得参数 G 为：

$$G = \frac{\alpha A}{k_n^{(w)} N_c \Delta t} \tag{4-20}$$

围压通过伺服系统控制,通过迭代,使模型达到目标围压并满足式(4-21)。

$$\frac{|\sigma^{measured} - \sigma^{required}|}{\sigma^{required}} < 0.005 \tag{4-21}$$

对数值模拟试验试样的加载结束也需要由相应的语言程序控制。为了和室内三轴试验保持一致,数值试验进行的是对轴向应变的控制。即在室内三轴试验试样的轴向应变达到 20% 时停止,数值模拟试验在轴向应变达到 20% 时跳出伺服系统,记录所需要的各项数据,这样就实现了对试验试样加载的整个过程。

本书选定的计算模型为线性接触模型,它的优点是所考虑的细观参数较少,对于实际问题的研究更加直观,也可以根据实际需要,应用不同的计算模型得以满足。在选定计算模型以后,以所需的试样孔隙率为准,通过孔隙率的匹配生成数值模拟试验试样,其中包括颗粒和限制颗粒自由活动的墙体,如上述所示。生成试验试样以后,通过 PFC^{3D} 自带的伺服系统施加相应的围压,当围压达到预定值时即可给上、下两个墙一定的速度进行加载,记录所需要的试验数据,当达到一定要求时,跳出循环系统即可完成加载的全过程。

4.2　小麦宏-细观参数的定量关系

4.2.1　宏-细观参数的对应关系

4.2.1.1　宏-细观参数的初步选取

(1)本书主要研究的宏观参数有内摩擦角 φ、割线模量 E_{50}、初始切向模量 E。

(2)主要研究的细观参数有颗粒间的摩擦系数 μ、颗粒间的法向刚度 k_n、颗粒间的切向刚度 k_s 和法向刚度与切向刚度的比值 k_n/k_s。

(3)根据已有文献及室内试验数据,初步选定的参数如表4-1所示。

表4-1　初步选定的参数

试样参数	试样尺寸(mm)	$R \times h$	61.8×125
	颗粒粒径(mm)	R_{lo}, R_{hi}	2.0 , 2.4
	孔隙率	n	0.36
墙体参数	墙体法向刚度(kN/m)	w_k_n	1.8×10^4
	墙体切向刚度(kN/m)	w_k_s	1.8×10^4
颗粒参数	摩擦系数	μ	0.39
	颗粒法向刚度(kN/m)	k_n	1.8×10^5
	颗粒切向刚度(kN/m)	k_s	0.9×10^5

4.2.1.2　颗粒间的摩擦系数 μ 与小麦内摩擦角 φ 的对应关系

内摩擦角反映的是材料的摩擦特性,是抗剪强度的指标之一。通过大量的三维颗粒流数值模拟试验发现颗粒摩擦系数 μ 与内摩擦角 φ 之间存在一种对应关系,在以所做数值试验的基础上,对它们之间的对应关系进行研究。所做工作如下:

(1)在某一相同孔隙率的情况下,对数值试验的试样设定相应的颗粒摩擦系数值,将这些试样分别在围压的设定值为 50 kPa、75 kPa 和 100 kPa 的条件下进行加载。

(2)设置几组不同孔隙率的试样,重复(1)所有工作。根据所得结果绘制莫尔圆,做出莫尔-库仑强度包络线,如图 4-7(a)、(b)、(c)所示。在孔隙率为 0.36(本书对应室内三轴试验孔隙率)时,颗粒摩擦系数 μ 与内摩擦角 φ 所对应关系如图 4-7(d)所示。拟合式为:

$$y = 7.02\ln x + 32.52 \tag{4-22}$$

式中　y——内摩擦角 φ;

x——颗粒摩擦系数 μ。

从图 4-7(d)中的拟合曲线[式(4-22)]可知:曲线呈对数型增长,趋势与文献分析相一致。内摩擦角受到颗粒与颗粒间的咬合作用和颗粒表面摩擦的影响。在摩擦系数较小时,颗粒间容易滑动或者翻越,表现出宏观内摩擦角的快速增大。当摩擦系数增大到一定程度时,颗粒间的滑动或者翻越受阻,表现出宏观内摩擦角趋势变缓。

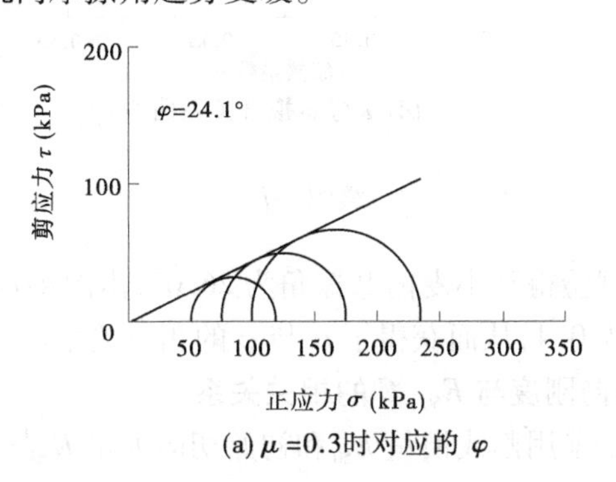

(a) μ =0.3时对应的 φ

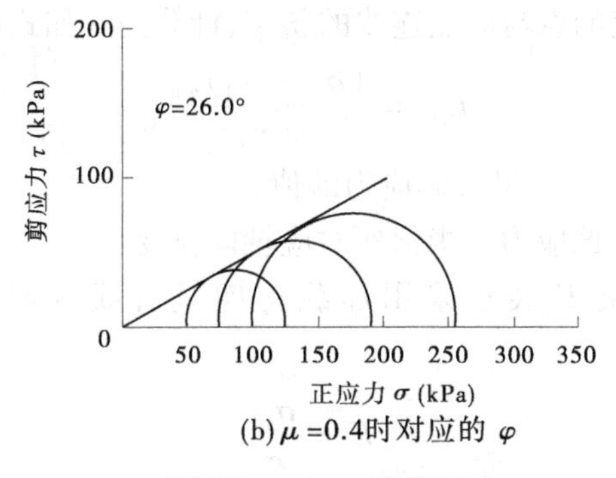

(b) μ =0.4时对应的 φ

图 4-7　μ 与 φ 的关系

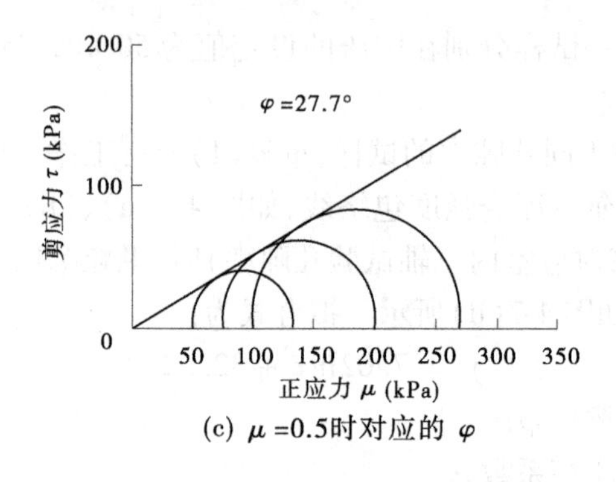

(c) μ =0.5时对应的 φ

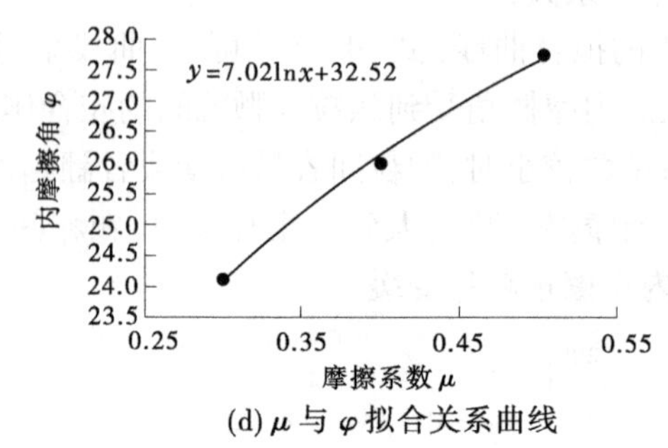

(d) μ 与 φ 拟合关系曲线

续图 4-7

本书所对应试验得到小麦内摩擦角为26.0°,由图4-7(d)中曲线可知,所对应摩擦系数为0.4,从而获得了 μ 与 φ 的相应关系。

4.2.1.3 颗粒法向刚度与 E_{50}、E 的相关关系

本书弹性模量采用割线模量 E_{50} 和初始切向模量 E 表示。E_{50} 是在偏应力峰值的一半对应的点与原点连线的斜率,计算公式如式(4-23)所示:

$$E_{50} = \frac{(\sigma_1 - \sigma_3)_{max}}{2\varepsilon_m} \tag{4-23}$$

式中 $(\sigma_1 - \sigma_3)_{max}$——最大偏应力的值;

ε_m——最大偏应力一半值所对应轴向应变。

初始切向模量 E 表示采用加载初期呈直线的斜率,计算公式如式(4-24)所示:

$$E = \frac{\sigma_e}{\varepsilon} \tag{4-24}$$

式中　σ_e——弹性极限应力值；

ε——弹性极限应力值对应轴向应变。

首先研究颗粒法向刚度与割线模量 E_{50} 的相关关系。所选用的各项数据参数如前所示，在不改变其他参数的条件下改变颗粒的法向刚度，在围压 100 kPa 下进行加载，处理结果如图 4-8 所示，分别做初始加载阶段的偏应力—轴向应变曲线。由图 4-8 可知，在颗粒法向刚度增大的同时，初始切向模量也不断增大，并且颗粒法向刚度越大，偏应力峰值越提前出现，同时割线模量 E_{50} 也不断增大。在加载初期（轴向应变远小于偏应力峰值所对应的轴向应变点），偏应力—轴向应变曲线基本呈直线发展。

作割线模量 E_{50} 与颗粒法向刚度 k_n 的关系曲线、拟合曲线如图 4-9 所示。拟合式：

$$y = 3.13x^{0.29} \tag{4-25}$$

式中　y——割线模量 E_{50}，MPa；

x——颗粒法向刚度 k_n，N/m。

作初始切向模量 E 与颗粒法向刚度 k_n 的关系曲线、拟合曲线如图 4-10 所示。拟合式：

$$y = 0.98x^{0.47} \tag{4-26}$$

式中　y——初始切向模量 E，MPa；

x——颗粒法向刚度 k_n，N/m。

作初始切向模量 E 与割线模量 E_{50} 的关系曲线、拟合曲线如图 4-11 所示。拟合式：

$$y = 9.32x - 780.38 \tag{4-27}$$

式中　y——初始切向模量 E，MPa；

x——割线模量 E_{50}，MPa。

由图 4-9、图 4-10 可知，割线模量 E_{50}、初始切向模量 E 与颗粒法向刚度 k_n 呈幂函数曲线发展，拟合式分别是式(4-25)、式(4-26)。由图 4-11 可知，割线模量 E_{50}、初始切向模量 E 基本呈线性关系发展，得拟合式(4-27)。从而确定了颗粒法向刚度 k_n 与割线模量 E_{50}、初始切向模量 E 的关系及 E_{50} 与 E 之间的关系。

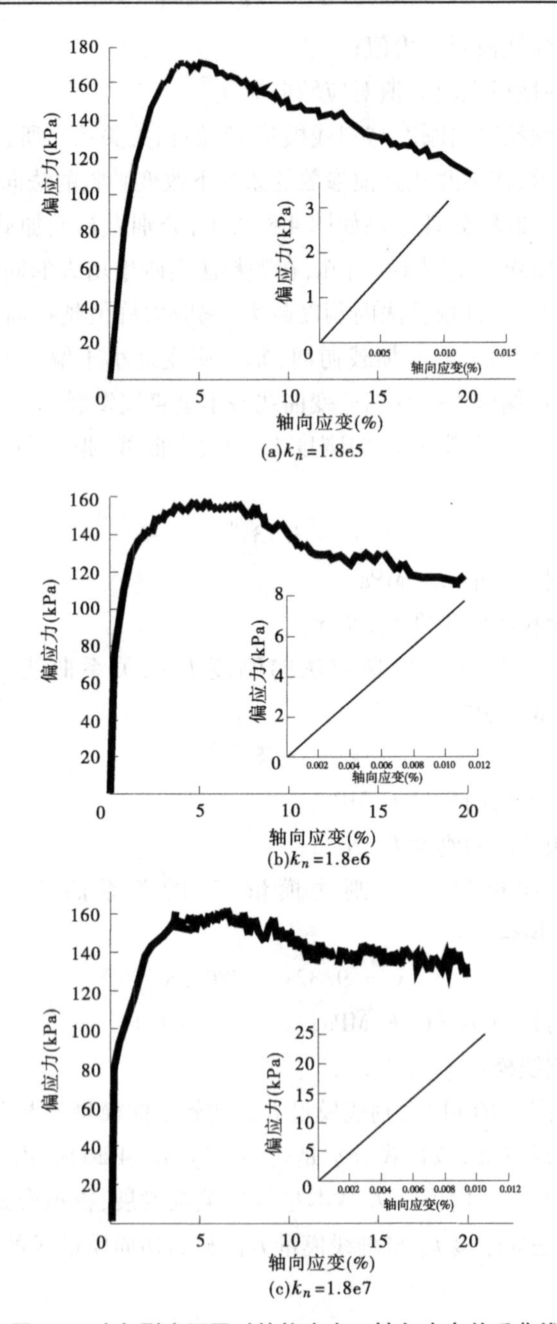

图 4-8　法向刚度不同时的偏应力—轴向应变关系曲线

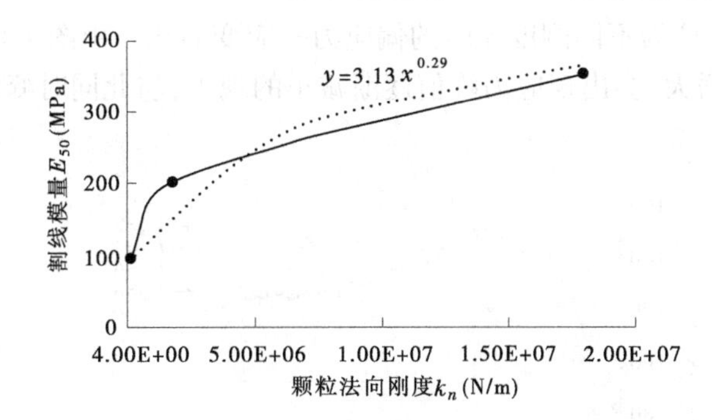

图4-9　割线模量E_{50}与颗粒法向刚度k_n关系曲线

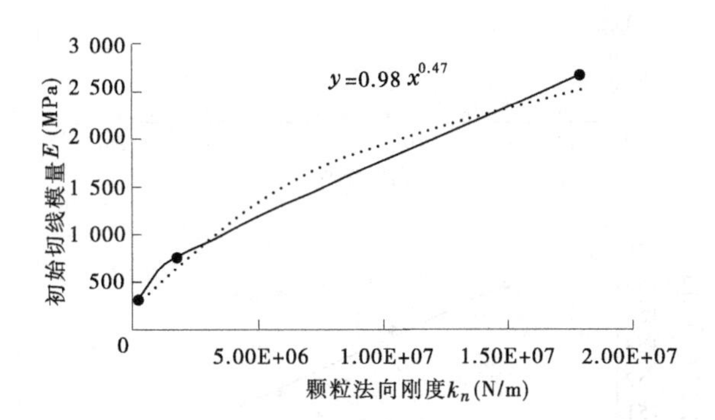

图4-10　初始切线模量E与颗粒法向刚度k_n关系曲线

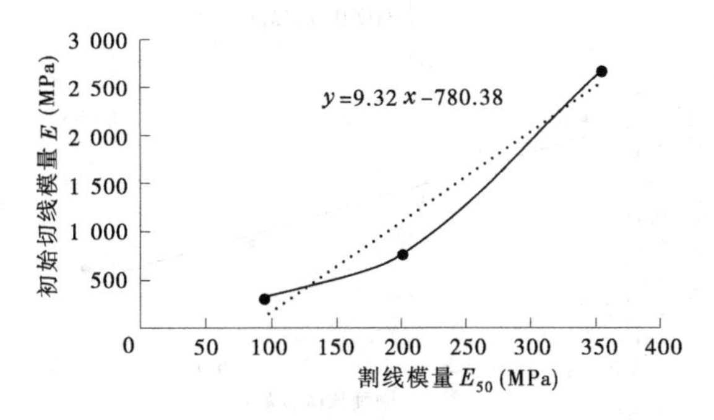

图4-11　初始切线模量E与割线模量E_{50}关系曲线

4.2.1.4　刚度比对应力—应变曲线的影响

图 4-12(a)为不同刚度比时的偏应力—应变曲线。由图 4-12(a)可知，刚度比逐渐增大,会出现应力峰值逐渐减小的现象,与此同时峰值点也越靠

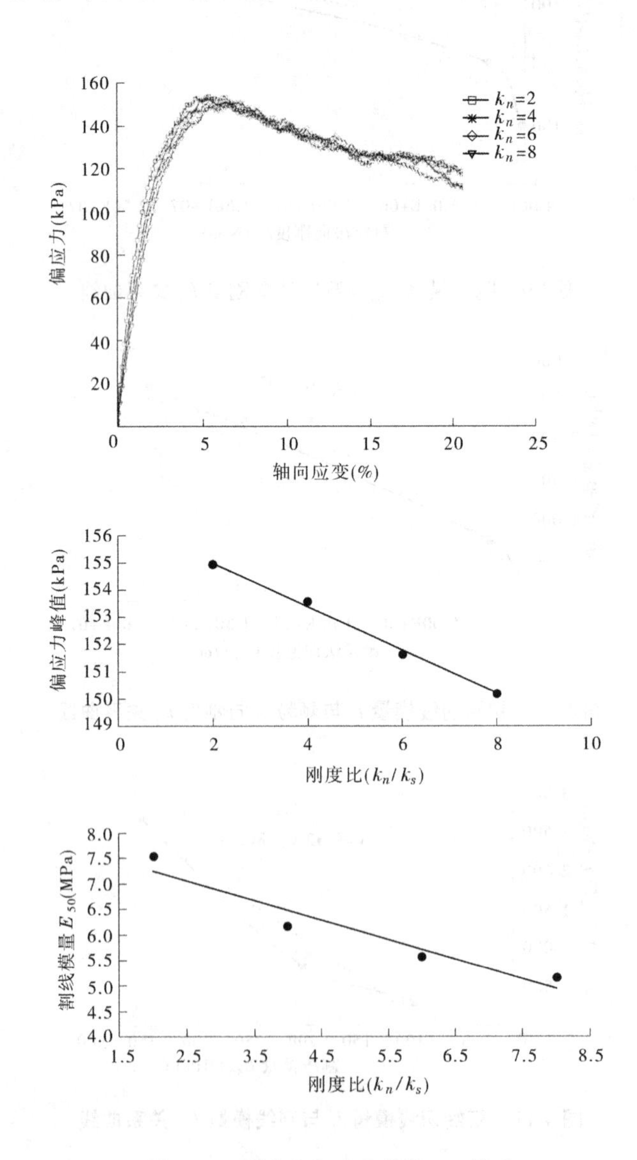

图 4-12　刚度比与应力峰值、E_{50} 关系

后。在刚度比较小时(如 $k_n/k_s=2$ 时),表现为应变软化现象。刚度比在一定范围(如 $k_n/k_s=6$、$k_n/k_s=8$ 时),加载后期曲线变化平缓。

由图4-12(b)、(c)可知,偏应力峰值、割线模量 E_{50} 随刚度比增大而减少,呈线性关系,割线模量 E_{50} 与刚度比拟合式为:

$$y = -0.39x + 8.03 \tag{4-28}$$

式中　y——割线模量 E_{50};

x——刚度比 k_n/k_s。

根据割线模量与刚度值的关系,以及割线模量与刚度比的关系,利用已知割线模量,即可换算得到相应刚度值和刚度比的取值范围。此结果可以为以后的相关研究提供部分参考,亦可在确定法向刚度的情况下,做刚度比的调整,以达到与室内试验数据拟合的效果。

4.3　应力、体变—应变关系

4.3.1　制备不同孔隙率试样

研究孔隙率的影响首先要制备不同孔隙率的数值试验试样,本书选用的孔隙率分别为:0.31、0.36、0.40和0.45,其中孔隙率为0.36是本书所对应室内三轴试验的孔隙率。通过前文所介绍的匹配孔隙率的方法,分别在生成数值模拟试样时设置相应的孔隙率,生成数值模拟试验试样如图4-13(a)~(d)所示。各孔隙率试样所对应各力链图如图4-14(a)~(d)所示。通过力链图可以清晰地表明颗粒与颗粒之间的排列紧密程度,以及颗粒与墙体之间的力的情况。其中,当孔隙率为0.31时,生成颗粒为7 707个,力链较粗并且较多,表明此时生成的试样很紧密;当孔隙率为0.36时,生成颗粒6 724个,此时的力链已经明显比前一个少;当孔隙率为0.40时,生成颗粒5 992个,颗粒与颗粒之间的连接已经相当少,表明此时生成的试样比较疏松;当孔隙率为0.45时,生成颗粒4 832个,此时只有相当少的颗粒生成。

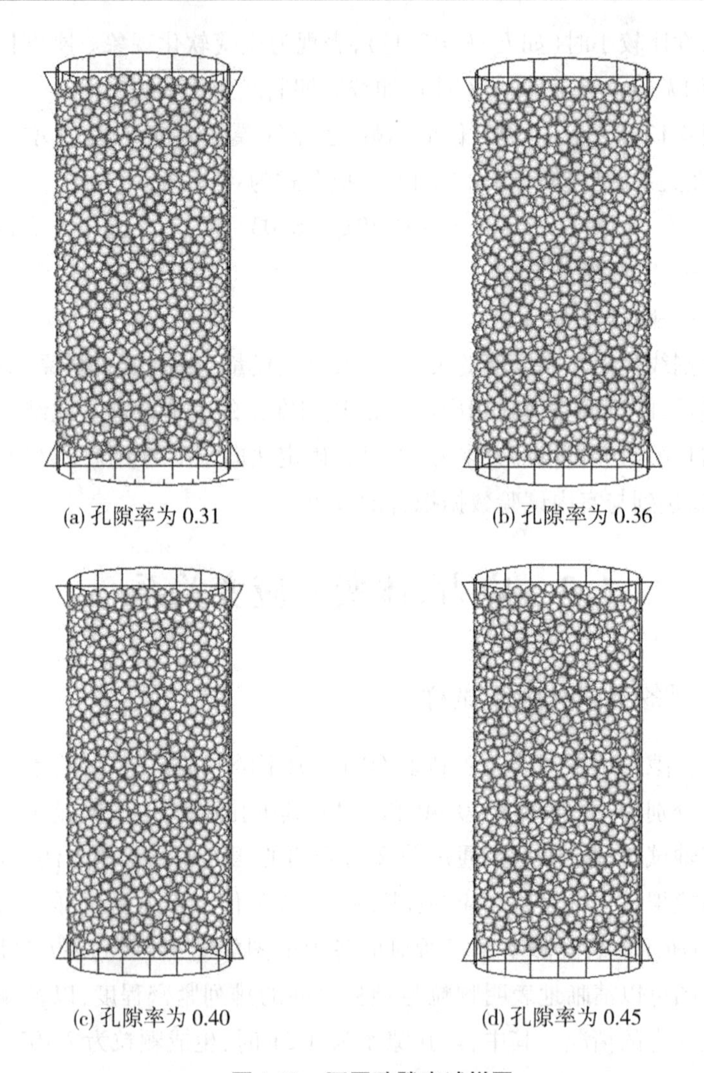

(a) 孔隙率为 0.31

(b) 孔隙率为 0.36

(c) 孔隙率为 0.40

(d) 孔隙率为 0.45

图 4-13　不同孔隙率试样图

4.3.2　试验结果

由前述所制备的试样,即孔隙率为 0.31、0.36、0.40 和 0.45 时的数值模拟试验试样,分别在围压设定值为 50 kPa、75 kPa 和 100 kPa 下进行加载。所得应变与体变结果如图 4-15 ~ 图 4-18 所示。

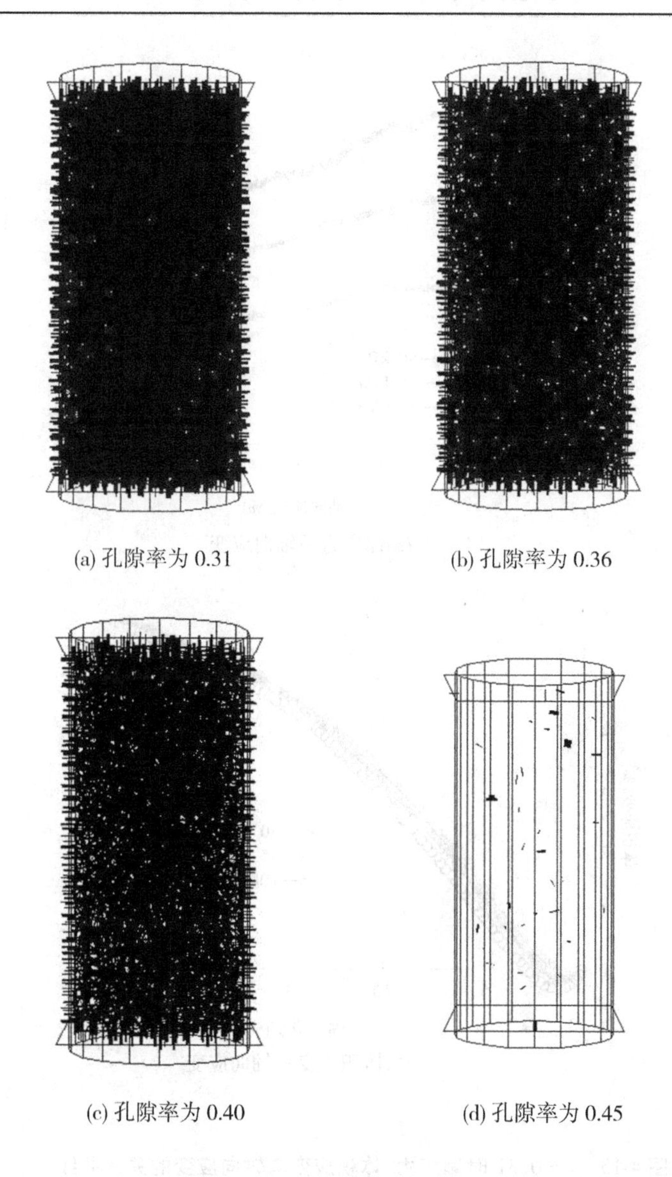

图 4-14　各孔隙率试样对应力链图

如图 4-15 所示,当孔隙率为 0. 31 时,由偏应力—应变结果可知:在围压增大的同时,峰值应力也相应地增大。偏应力—轴向应变曲线出现应变软化现象,且在随围压增大的同时,应力软化现象也更加明显。由体积应

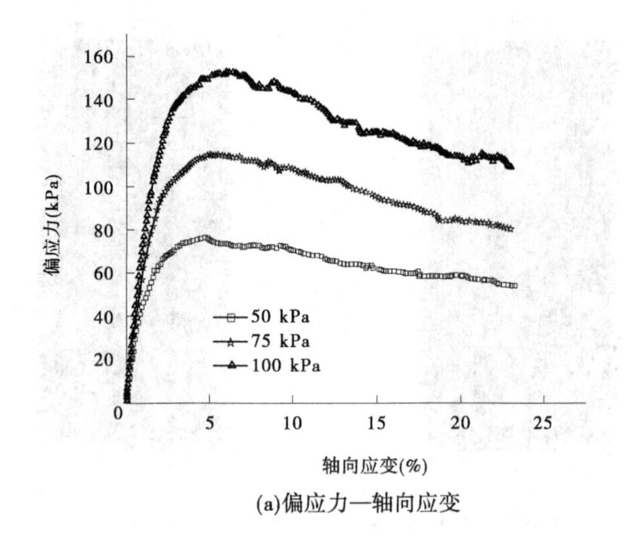

(a)偏应力—轴向应变

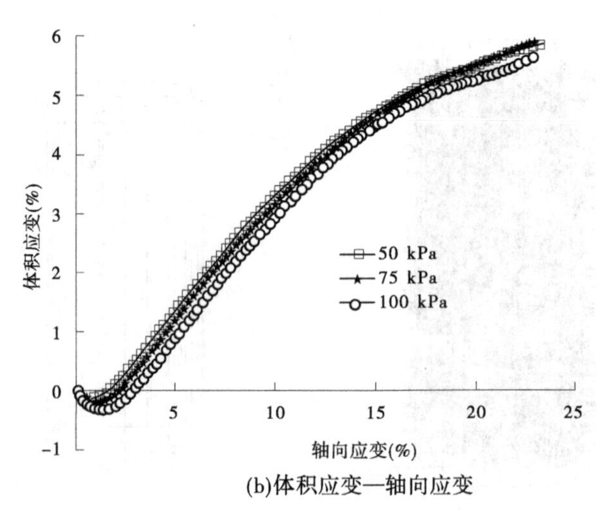

(b)体积应变—轴向应变

图 4-15　$n=0.31$ 时偏应力、体积应变与轴向应变的关系曲线

变—轴向应变图可知:先出现部分剪缩,而后发生剪胀现象,随着围压的增大,剪缩部分增大,剪胀部分变少,相变点所对应的轴向应变点逐渐增大。

如图 4-16 所示,当孔隙率为 0.36,围压为 50 kPa 时,应变软化现象不明显,在围压为 75 kPa 和 100 kPa 时,应变软化现象明显。所对应体积应变—轴向应变出现首先剪缩而后剪胀的现象。且随着围压的增大,剪缩部分增大,剪胀部分变少,相变点所对应的轴向应变的值也不断地增大。

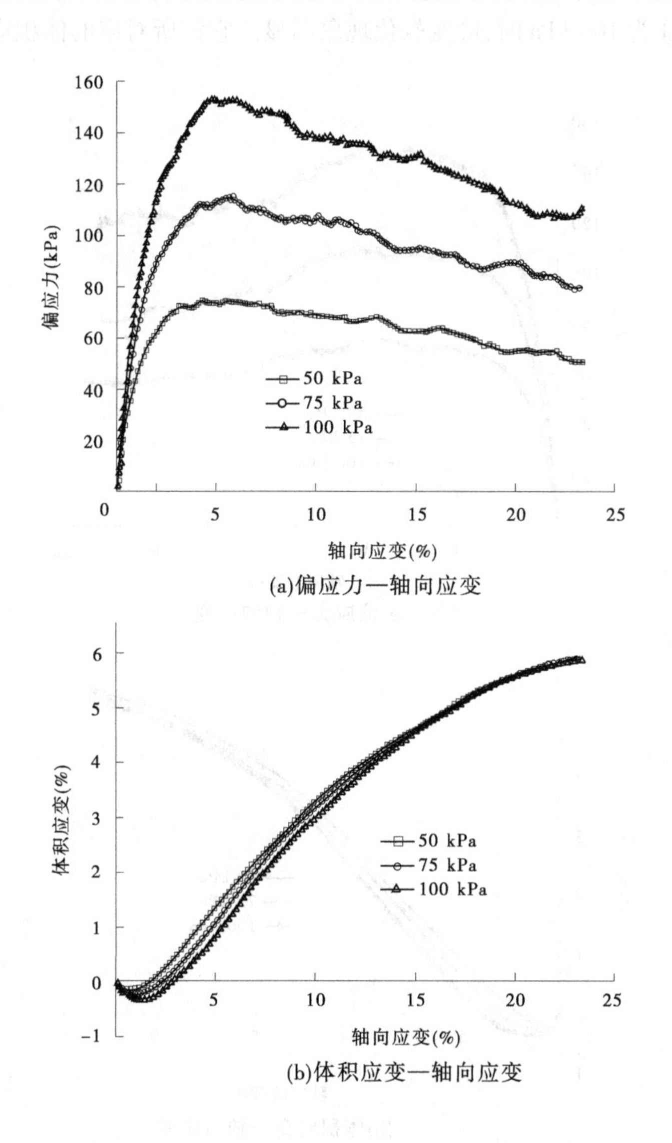

(a)偏应力—轴向应变

(b)体积应变—轴向应变

图 4-16 $n=0.36$ 时偏应力、体积应变与轴向应变的关系曲线

如图 4-17 所示，当孔隙率为 0. 40，围压为 50 kPa 时，基本不出现应变软化现象，围压为 75 kPa 时，仍出现应变软化现象，但只在加载后期较明显，而围压为 100 kPa 时，应变软化现象明显。它们所对应的体积应变—轴

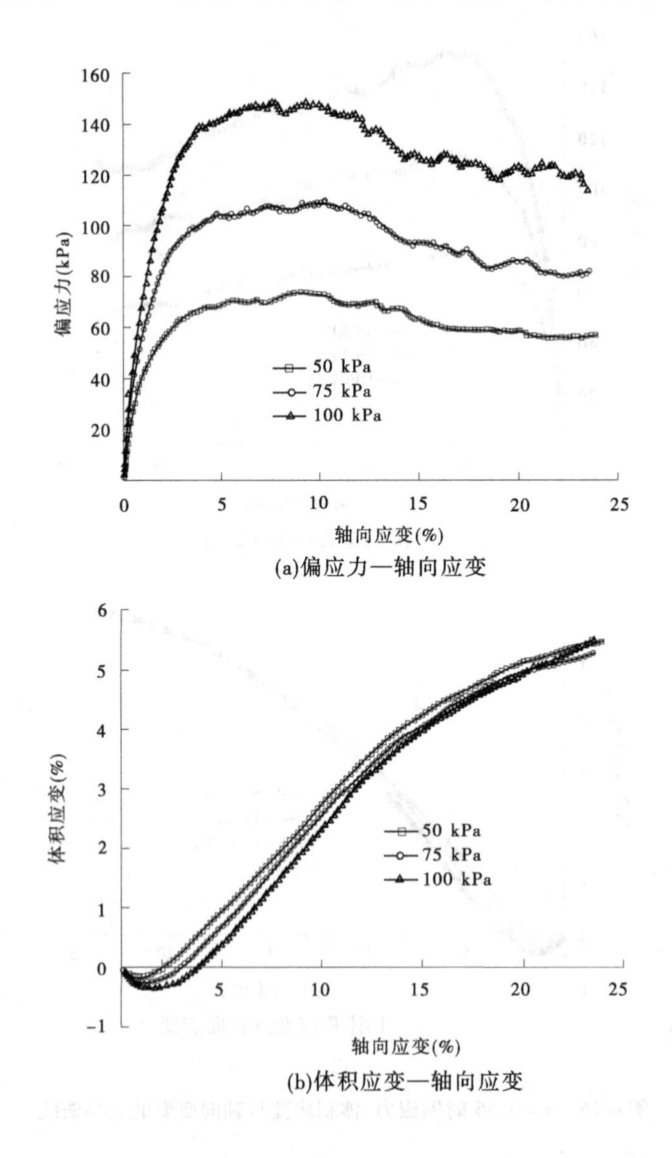

(a)偏应力—轴向应变

(b)体积应变—轴向应变

图 4-17　$n = 0.40$ 时偏应力、体积应变与轴向应变关系曲线

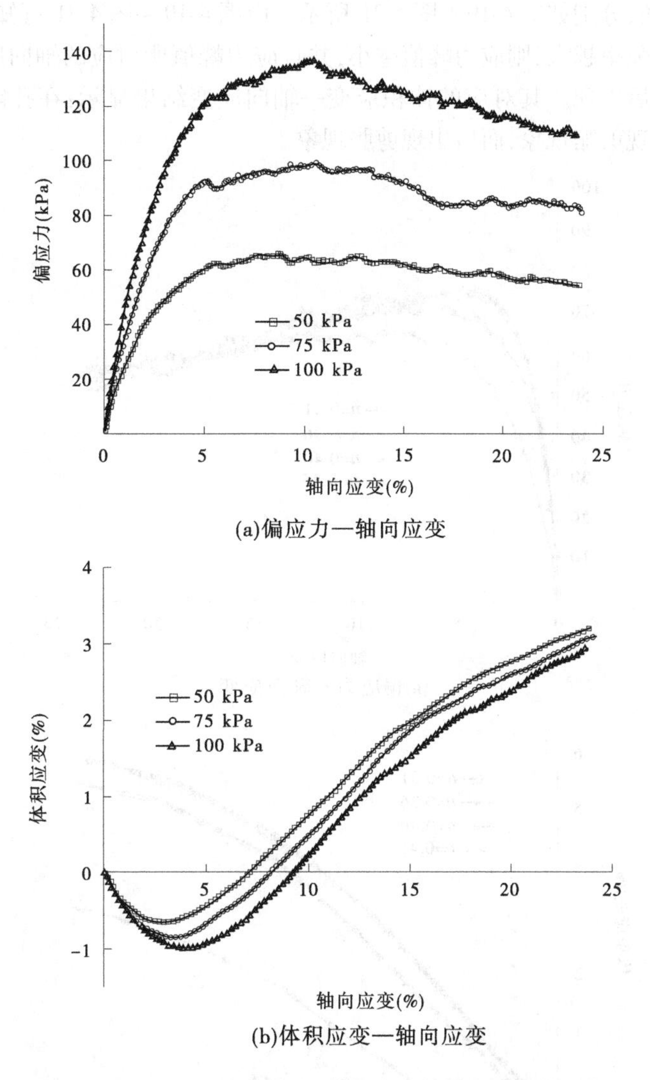

(a)偏应力—轴向应变

(b)体积应变—轴向应变

图4-18　$n=0.45$ 时偏应力、体积应变与轴向应变关系曲线

向应变仍然出现在初始阶段产生剪缩现象，继续加载就会产生剪胀的现象，且随围压的增大，剪缩现象明显，相变点所对应的轴向应变值逐渐增大。当孔隙率为0.45时，其图像与孔隙率为0.40时的相似。

对孔隙率为不同值时的试样进行相同围压时的应力、应变、体变结果研究，做出在相同围压时孔隙率为不同值时的偏应力—轴向应变、体积应变—

轴向应变图,分别如图 4-19 ~ 图 4-21 所示。由图 4-19 ~ 图 4-21 可知,在围压相同时,孔隙率越大,则应力峰值越小,并且应力峰值所对应的轴向应变值越大,即越延后出现。其对应的体积应变—轴向应变结果显示:在孔隙率较小时,首先出现剪缩现象,而后出现剪胀现象。

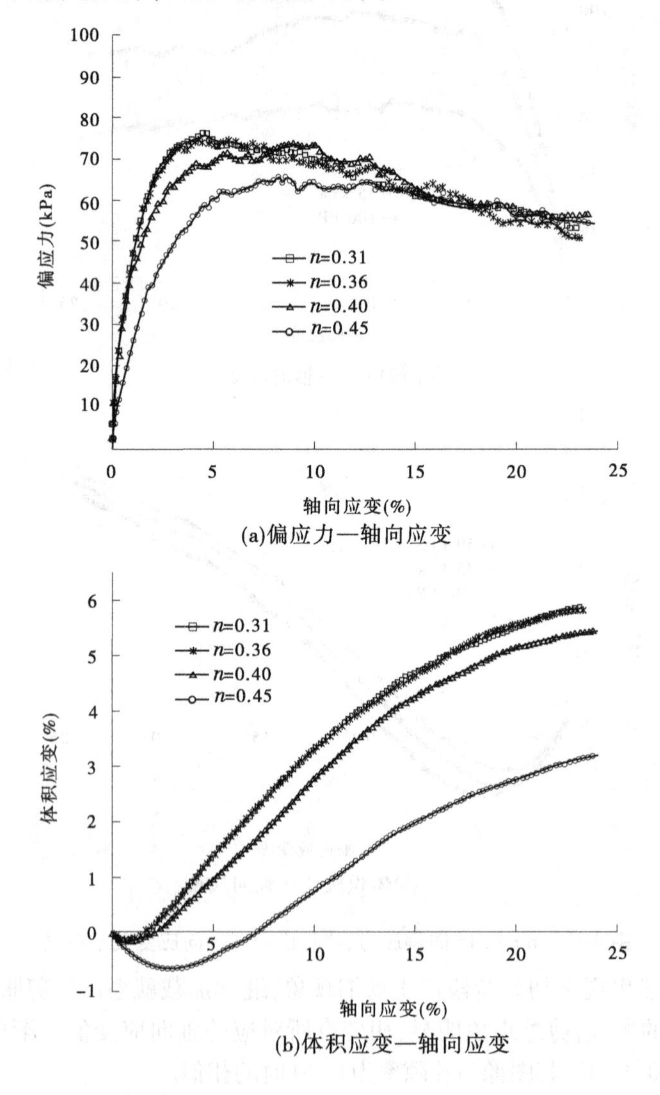

图 4-19　围压为 50 kPa 时不同孔隙率结果

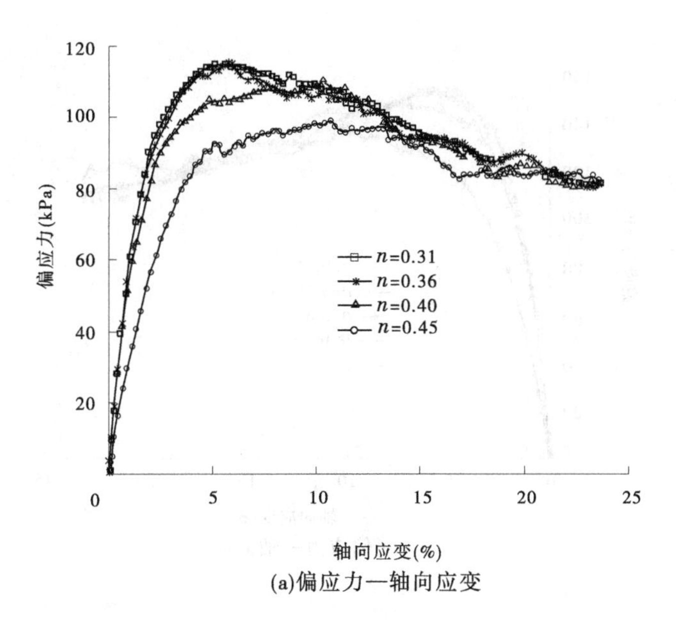

(a)偏应力—轴向应变

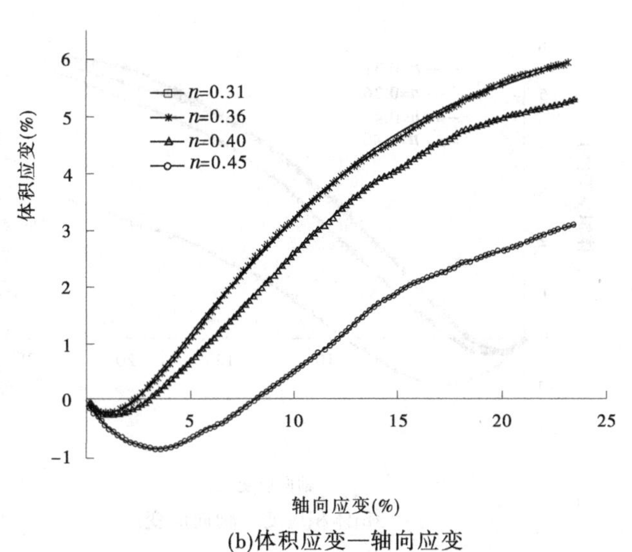

(b)体积应变—轴向应变

图 4-20　围压为 75 kPa 时不同孔隙率结果

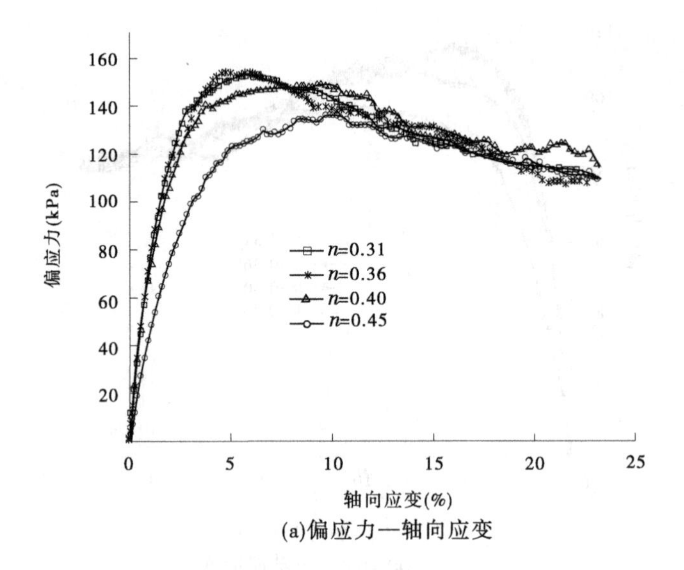

(a)偏应力—轴向应变

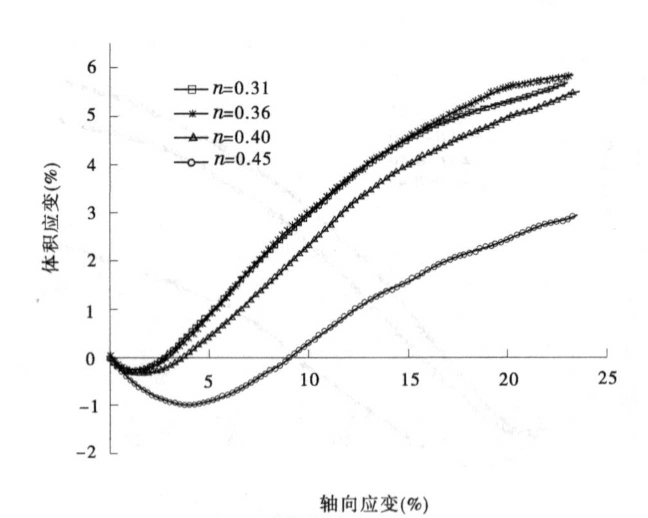

(b)体积应变—轴向应变

图 4-21　围压为 100 kPa 时不同孔隙率结果

4.4　强度参数、剪胀性特性

4.4.1　强度参数

强度的两个重要参数为 c(黏聚力)和 φ(内摩擦角),它们是通过做莫尔 - 库仑强度包络线得到的。

$$\tau = c + \sigma\tan\varphi \tag{4-29}$$

莫尔 - 库仑强度包络线以正应力为横坐标、剪应力为纵坐标,本书所用单位为 kPa。以最小主应力 σ_3 为应力圆的左端点,以最大主应力 σ_1 为应力圆的右端点,做出总应力圆。以此方法分别得到不同围压条件下的几组应力圆,绘制一条与各圆相切的直线即是莫尔 - 库仑强度包络线。莫尔 - 库仑强度包络线与剪应力轴的截距即为黏聚力的值,与正应力轴的夹角即为内摩擦角的值。

根据所做的数值试验结果,做出不同孔隙率条件下的莫尔 - 库仑强度包络线,如图 4-22 ~ 图 4-25 所示。围压条件分别为:50 kPa、75 kPa和 100 kPa。由结果可知:内摩擦角在 24.0° ~ 26.0°的范围内变化。内摩擦角受到颗粒与颗粒间的咬合作用和颗粒表面摩擦的影响。在孔隙率较小时,颗粒与颗粒之间的挤压比孔隙率较大时的挤压明显(见图 4-13、图 4-14),这时的颗粒之间的咬合作用和表面摩擦力较大,此时表现出内摩擦角较大。一般认为无黏性颗粒不具有黏聚强度,小麦是散体物料的一种,宏观上颗粒与颗粒之间并没有黏聚强度,而此时表现的黏聚力可能是受到颗粒挤压与表面摩擦的影响,但它们的值较小,由式(4-29)可知其对小麦的强度影响较小。

4.4.2　剪胀性相关指标

(1)相变点对于剪胀性的材料,表现在体积应变—轴向应变曲线中会出现正值与负值,其中正值部分为剪缩状态,负值部分为剪胀状态,而由剪缩状态到剪胀状态的临界点,即图 4-26 中曲线与坐标轴中横轴的交点为相变点。相变点是剪胀性材料独有的现象。对于不同剪胀性材料,在不同条件下进行加载,体积应变—轴向应变曲线可以很好地表明其剪胀状态,而相变点的出现能反映出材料由剪缩状态到剪胀状态的时间状态。

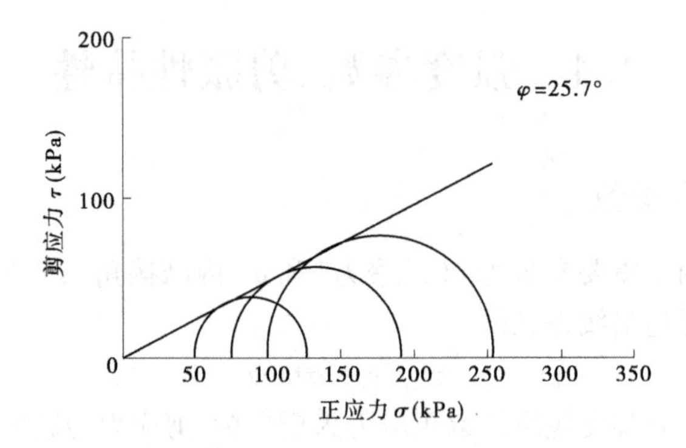

图 4-22　孔隙率为 0.31 时的莫尔 – 库仑强度包络线

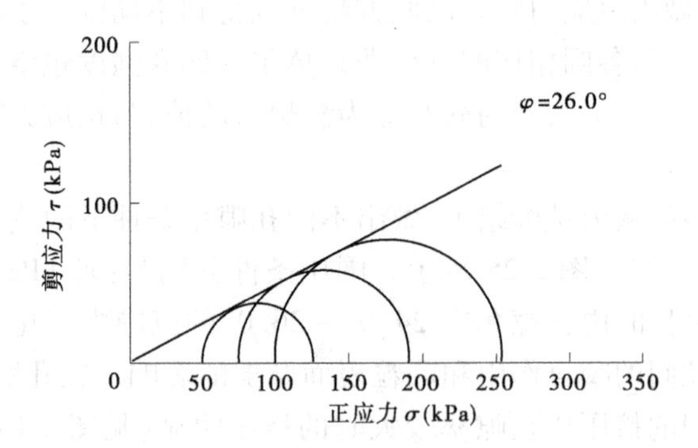

图 4-23　孔隙率为 0.36 时的莫尔 – 库仑强度包络线

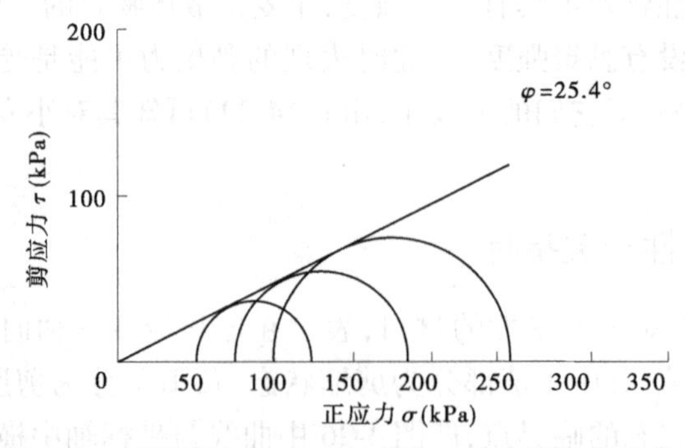

图 4-24　孔隙率为 0.40 时的莫尔 – 库仑强度包络线

(2)剪胀角是在常规三轴试验中描述体积变化率的一个物理量，根据文献[89]剪胀角求解方法得到 k，利用式(4-30)可得到 ψ 的值。

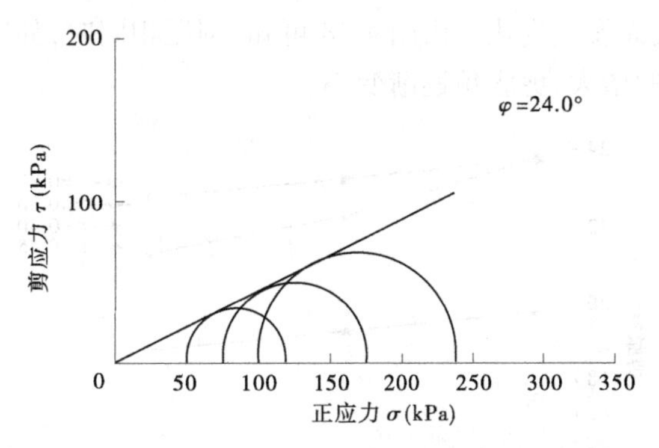

图 4-25　孔隙率为 0.45 时的莫尔－库仑强度包络线

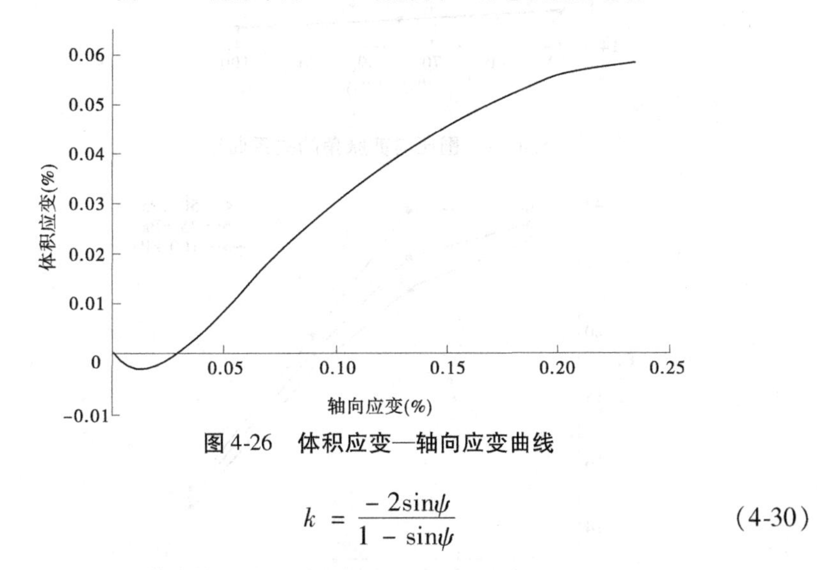

图 4-26　体积应变—轴向应变曲线

$$k = \frac{-2\sin\psi}{1 - \sin\psi} \tag{4-30}$$

4.4.3　围压、孔隙率与剪胀角关系

应用 PFC^{3D}对小麦进行数值模拟试验,在几组试验中,通过改变试验试样的孔隙率,分别在不同的围压下进行加载,可以得出剪胀角与围压和孔隙率的影响关系,通过剪胀角与围压和孔隙率的影响关系可以清晰地看出体积变化率的大小。图 4-27 为围压与剪胀角的关系曲线,图 4-28 为孔隙率与剪胀角的关系曲线。由图 4-27 可知,孔隙率分别为 0.31 和 0.36 时,剪胀角随围压的增大而变小;孔隙率分别为 0.40 和 0.45 时,剪胀角变化很小。结合前述内容可知,在加载后期,试样体积已经不再发生变化,剪胀角不再

随围压的增大而发生变化。由图 4-28 可知，围压相同时，如围压为 100 kPa 时，随孔隙率的增大，剪胀角逐渐变小。

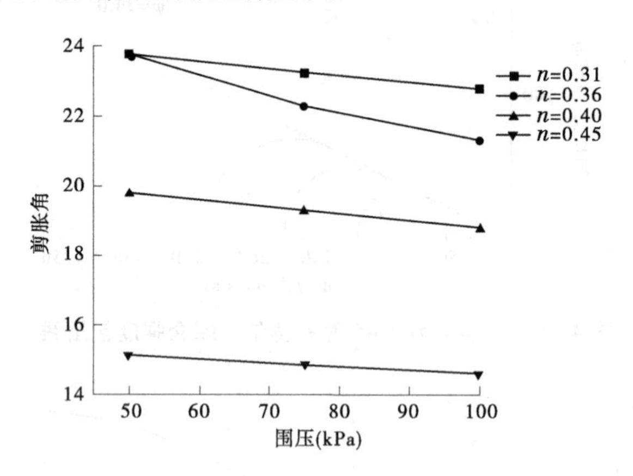

图 4-27　围压与剪胀角的关系曲线

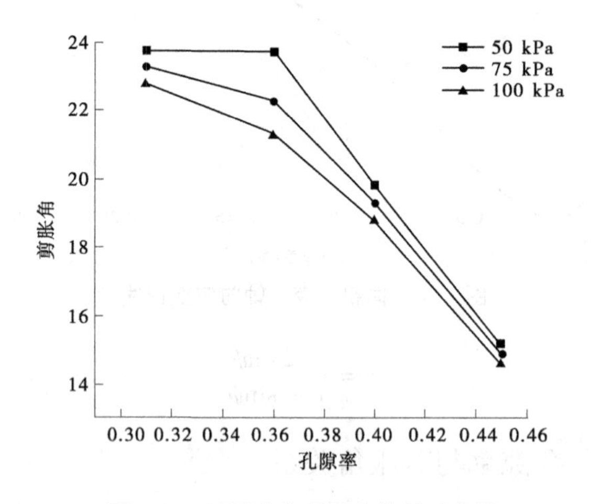

图 4-28　孔隙率与剪胀角的关系曲线

4.4.4　小麦三轴剪切过程中剪胀特性细观分析

数值模拟与室内试验的体积应变—轴向应变图（见图 4-29）中可以看出，数值模拟结果的剪胀现象趋势与室内试验基本一致，均是表现为刚开始的阶段为剪缩而后为剪胀的现象，随围压的增大，剪缩部分逐渐增大，剪胀部分逐渐减小。小麦在三轴试验加载过程中的加载初始阶段，宏观上表现出剪缩现象,应力的增量呈线性增大。继续加载,剪应力增大,颗粒之间互相挤压,此时仍表现出剪缩现象,应力的增量呈非线性增大。继续加载,剪应力使颗粒出现错动、翻越,从而使颗粒位置重新排列,由图 4-30 位移矢量图可知,在加载的初始阶段,颗粒的位移无规律性。随着加载应变的增大,颗粒的移动规律表现得很明显:两端颗粒向中间挤压,中间部分颗粒向外移动。当达到一定程度时,颗粒之间挤压明显,试样中间部分颗粒之间的孔隙部分达到最大(见图 4-30)。此时宏观上表现出剪胀现象,应力增量不再继续增大。继续加载,小麦颗粒之间挤压严重,此时宏观上仍表现出剪胀现象但应力略微下降。进一步加载则数值试样破坏。由图 4-31 可知,在加载的初始阶段,颗粒之间的挤压无明显规律,而是出现某一部分的力链较粗、某一部分的力链较细。随着加载的不断深入,力链图中链条的粗细越来越均匀且粗链条越来越多,表明此时颗粒与颗粒之间的挤压越来越明显。

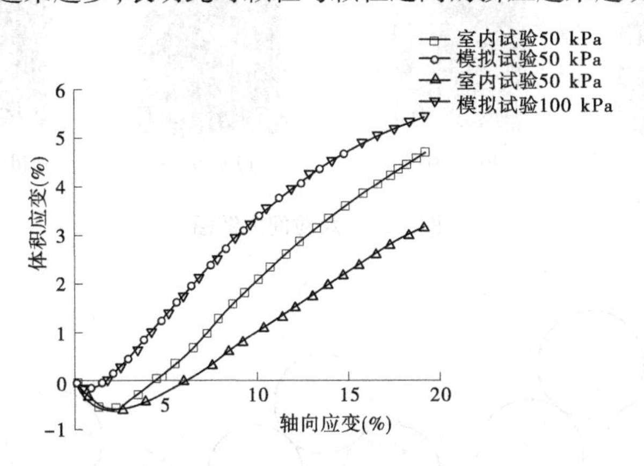

图 4-29　数值试验与室内试验变形结果对比

数值模拟颗粒为刚性小球,随着加载过程不能出现颗粒的破碎,而可以体现小麦颗粒在加载过程中出现的错动、翻越(见图 4-32)。初始状态为散离体,在加载过程中颗粒会出现如图 4-32(a)所示现象,继续加载会出现如图 4-32(b)、(c)所示现象。4 个圆中间的孔隙部分的面积由小面积[见图 4-32(a)]到大面积[见图 4-32(b)]再变小面积[见图 4-32(c)],在空间上表现出小麦颗粒中间的体积由小到大再变小。则在宏观上,小麦在加载过程中表现出剪缩—剪胀—较少剪缩,最终保持形态不再变化的规律。

(a) ε =5%　(b) ε =10%　(c) ε =15%　(d) ε =18%

图 4-30　颗粒位移矢量图

(a) ε =5%　(b) ε =10%　(c) ε =15%　(d) ε =18%

图 4-31　颗粒间力链图

(a)　(b)　(c)

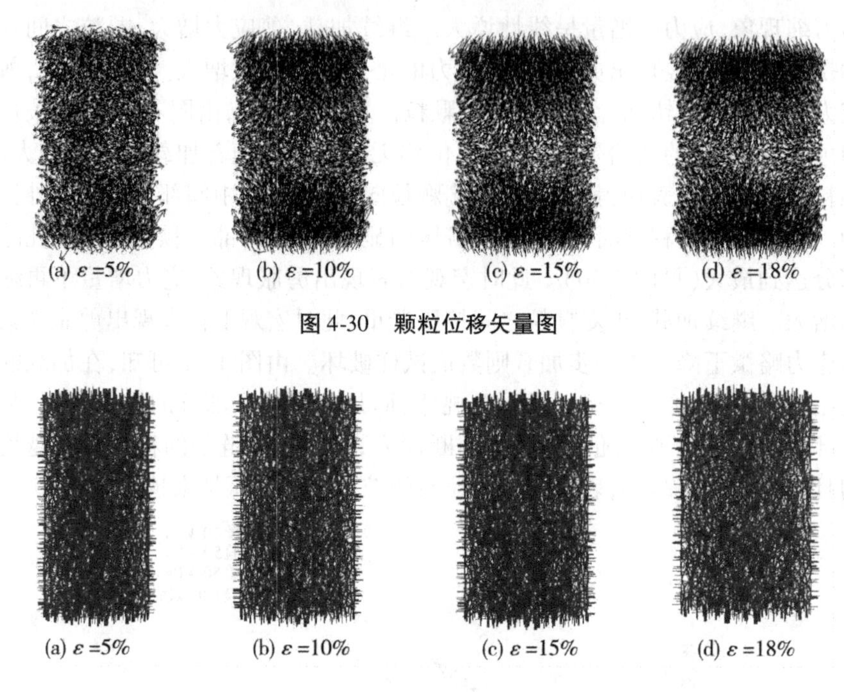

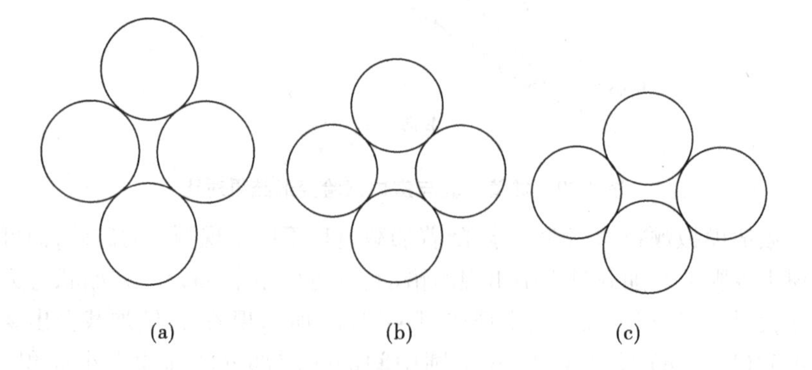

图 4-32　加载过程中小麦滑移平面图

4.5　本章小结

本章以小麦三轴试验的结果为依据,进行了不同影响因素的三轴试验细观模拟,在标定一组细观参数的基础上,研究细-宏观参数的定量关系,以便已知宏观参数为快速地选择细观参数提供参考,或已知细观参数即可预测宏观参数的范围。并应用PFC^{3D}制备了不同孔隙率的数值模拟试验试样,对于同一孔隙率的数值模拟试验试样分别在围压设定值为50 kPa、75 kPa和100 kPa的条件下进行加载,根据所得结果分别得到了不同孔隙率的偏应力—轴向应变和体积应变—轴向应变曲线。

对数值模拟三轴试验和室内小麦三轴试验的体积应变—轴向应变结果进行了对比。结果表明,数值模拟结果的剪胀现象趋势与室内试验基本一致,均是表现出先剪缩而后出现剪胀的现象。随围压的相应增大,相变点所对应的轴向应变的值也越大。随着数值模拟试验试样加载的不断进行,得到了应变大小为不同值时所对应的颗粒位移矢量图和力链图。由位移矢量图可知,颗粒刚开始表现规律不明显,随着加载的进行,两端颗粒逐渐向中间移动,中间颗粒发生横向移动。在试样的中间部分出现明显孔隙,即随着对试样加载的进行,剪应力逐渐增大,并使颗粒出现错动或者翻越,宏观上表现出剪胀性。而造成数值试验体积应变结果与室内小麦三轴试验体积应变结果的不同主要是由边界条件的不同和数值试验模拟颗粒形状不同所造成的。粮食作为重要的散体物料品种之一,单个颗粒与颗粒之间总有差别,在受到压缩时,颗粒之间的相互挤压或者相对分离,即由于受到压缩而使颗粒重新排列造成颗粒位置的变化是造成剪胀性的重要原因之一。

针对本章试验,有以下主要结论:

(1)颗粒间的摩擦系数与小麦内摩擦角之间存在对数相关性。

(2)割线模量E_{50}与法向刚度呈幂函数相关关系,初始切向模量E与法向刚度亦呈幂函数相关关系。初始切向模量E随割线模量E_{50}增大呈直线关系。应力峰值与刚度比呈线性关系发展。

(3)刚度比较小时表现为应变软化,刚度比逐渐增大,表现为应变硬化。偏应力峰值与刚度比基本呈线性相关关系,割线模量E_{50}与刚度比也为线性相关关系。

(4)根据确立的小麦细观参数,构建了小麦三轴试验的数值模型。在不同围压条件下进行了对比,结果较理想,验证了小麦细观参数与宏观参数关系的可靠性。

(5)对于同一孔隙率的数值试验试样的应力随围压增大而增大,孔隙率越小越容易出现剪胀现象,偏应力—轴向应变结果表现为应变软化型。随孔隙率增大剪胀性不明显,表现为剪缩性,偏应力—轴向应变结果表现为应变硬化型。

(6)根据数值试验结果得到了剪胀角与围压、孔隙率的影响关系曲线。结果表明:当孔隙率为0.31时,剪胀角的值随围压的增大而变小;当孔隙率为0.45时,剪胀角随围压增大变化不大。当围压相同时,随孔隙率的增大,剪胀角一般逐渐变小。

第 5 章　筒仓静态储料相互作用

5.1 引　言

筒仓是一种常用的储存煤炭、粮食等散体物料的特种结构,同时可以按照需要进行卸料。早在 7 000 年前的河姆渡文明中,人类祖先已经开始建造原始的地上粮仓。发展至今,筒仓以其节约用地、储藏货物多、储料浪费少和自动化程度高等优势,广泛应用于煤炭、粮食、现代物流、水泥和建材等领域,给现代社会带来了深刻的影响。

对于筒仓设计者而言,筒仓的设计有着特殊的困难,在筒仓卸料时,仓壁动态侧压力会远大于静态侧压力,国际上尚未见被广泛接受的合理的理论来解释卸料时动压力增大机理。许多专家、学者做过筒仓卸料试验,他们测出的超压系数从较低的 1.25 ~1.5 到较高的 3.5 ~4.0。设计者考虑筒仓的安全性能,往往加大仓壁厚度,这就造成了建造费用的增加。

就浅仓和深仓而言,静态侧压力的理论研究、测定以及计算方法已经很完善,其理论与工程应用比较相符。然而试验和经验证明,筒仓卸料过程中,特别是深仓卸料,动态侧压力会十分复杂,对于储料的流动机理和动态侧压力规律的研究不够透彻。一些学者对卸料时粮食的流动形式和动态侧压力做了研究;另一些学者通过理论研究,推导出了解析解和半解析解,对筒仓卸料时的动态侧压力计算做出了重要贡献;还有一些学者做了数值模拟,利用有限元方法的居多,有限元方法把筒仓储料看成是连续、均质的,对于小变形情况是适用的,可以分析筒仓静态工况下的应力场,但是没有考虑储料的物理性质和流动特性,对于筒仓卸料的研究具有局限性。离散元方法可以很好地观察颗粒的流动形式,设定材料性质,对于位移场没有限制。

本章研究借助 PFC^{3D} 离散元方法,模拟了小麦三轴试验,标定了小麦的细观参数,将筒仓静态工况下的仓壁侧压力与 Janssen 公式计算值对比,以此模型作为卸料模拟的基础。

5.2 筒仓模型试验参数

本章所模拟的筒仓原型是刘定华所做过的小麦筒仓模型试验,该试验的具体情况如下:试验的筒仓模型使用有机玻璃制成,仓壁高度值取600 mm,筒仓内径为300 mm,仓壁厚度为5 mm,漏斗倾角有3种,分别为65°、55°和60°。整个筒仓固定在地面上,由柱子支撑起来。筒仓侧壁的A、B两边,共固定着12只压力传感器,其承压面与模型筒仓的侧壁平行,传感器的外径为40 mm,高7 mm,外壳由45号钢制作而成,内贴环形电阻片。各个压力传感器之间的间距设定为100 mm,测量筒仓储料的侧压力时,直接通过压力传感器在计算机上读数。模型试验的筒仓尺寸如图5-1所示。

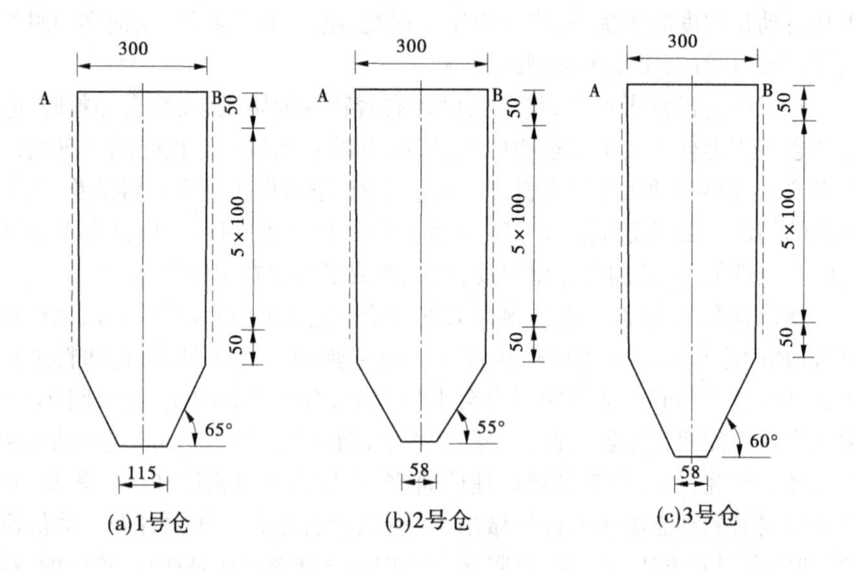

图5-1 模型试验的筒仓尺寸

对3个具有不同漏斗倾角的模型筒仓,分别做10~15次装料、卸料试验,将测得的侧压力结果利用沙庆林的统计方法进行分析和处理。

筒仓模型试验里,筒仓侧壁静态工况下的仓壁侧压力和卸料时动态工况下的仓壁侧压力监测值随深度而变化(见表5-1)。

表5-1　模型试验中筒仓的静态与动态侧压力值随深度的变化

测点深度(m)	静态侧压力测试值(kPa)	动态侧压力测试值(kPa)
0.05	0.32	0.45
0.15	0.59	0.92
0.25	0.84	1.30
0.35	1.02	1.46
0.45	1.15	1.64
0.55	1.30	1.77

5.3　筒仓 PFC^{3D} 模型的建立

参照以上试验,陈长冰利用软件 PFC^{2D} 建立了与模型试验筒仓同样大小的数值模型,分析了筒仓里储料的静态侧压力沿高度的分布规律,并且研究了不同散体颗粒的摩擦系数、密度、漏斗倾角、出料口的大小以及装料形式等因素对筒仓卸料时动态侧压力的影响。

本书利用离散元软件 PFC^{3D},参照3.1节中的试验,以本书第4章三轴试验模拟所用细观参数为基础,建立数值模型,并与模型试验结果、PFC^{2D} 的模拟结果以及 Janssen 理论结果作对比,研究不同因素对静态工况下的仓壁侧压力和卸料时动态工况下的仓壁侧压力的影响。

本书数值模拟的筒仓尺寸与模型试验的筒仓1号仓尺寸相同,如图5-2。生成筒仓的墙体时,本模型的墙体有3种类型,第1种是漏斗部分的圆台形状的墙体,由4个圆台(不带上、下底)叠加组成,4面墙的id分别编号为1、2、3、4。圆台形状的墙是通过命令“wall”得以实现,在“wall”命令中输入“type cylinder”定义该墙为圆柱形墙,然后确定上、下底的圆心和上、下底的半径,当上、下底的半径不同时,就能生成一个圆台形状的墙体。当需要不同倾角的漏斗时,可以通过三角函数计算确定出圆台形状墙的尺寸,本章用于对比计算的筒仓模型漏斗倾角为65°。第2种类型的墙体是漏斗上方的圆柱形墙体,由10个小圆柱墙体叠加组成,半径为150 mm,4面墙的

id分别编号为5到14,这10个小圆柱墙体既作为筒仓的仓壁,也用作压力传感器监测仓壁侧压力。第3种类型的墙体是正方形墙体,位于卸料口处,用于密封卸料口,该墙的id设定为1111,当筒仓卸料时,删除此墙即可开始卸料。

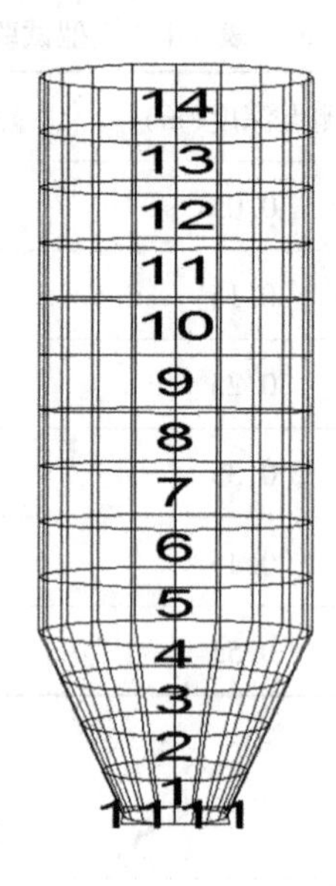

图5-2　数值模拟筒仓墙体模型

生成颗粒时,颗粒的大小和数量对模拟的过程和结果影响很大。当颗粒的粒径太大,虚拟压力传感器监测到的仓壁侧压力波动幅度太大,而且根据文献可知,当颗粒粒径达到卸料口开口尺寸的1/6时,由于机械堵塞,卸料过程将不能进行。当颗粒的粒径太小时,生成的颗粒数量太过庞大,限于计算机的发展水平,计算速度十分缓慢,耗时严重。所以,颗粒的大小和数量可以严重影响PFC^{3D}模拟的精度和速度。通过大量模拟、反复试算,将颗粒的半径确定为6~8 mm,筒仓满仓时生成颗粒的数量为19 000个左右,计算速度尚可接受。

墙体和颗粒的刚度对模拟结果的影响也很大,如果两者的刚度太小,会造成模拟结果的侧压力过小,颗粒之间叠加太多,与事实不符;如果两者的刚度太大,会造成模拟结果的侧压力太大,颗粒不太容易达到平衡状态。同时,选取刚度时,颗粒和墙体的切向、法向刚度须要相匹配,如果颗粒的刚度大于墙体的刚度或者颗粒的刚度远小于墙体的刚度,会造成颗粒穿出墙体,模拟失败。刚度的选择可以参照本书第4章三轴试验数值模拟,颗粒法向刚度值选择2×10^5 N/m,切向刚度值选择1×10^5 N/m。三轴试验数值模拟中,墙体用于模拟橡皮膜,刚度较小,筒仓试验的墙体显然相较于橡皮膜更大,本书筒仓墙体法向、切向刚度皆选择1×10^6 N/m。

程序中颗粒的密度要参照试验材料,尽量如实选取。刘传云认为,利用相似理论,建立起缩尺模型,会提高程序运算效率。

设定一个比例因子:

$$\lambda_P = \frac{P_1}{P_2} = \frac{F_1/l_1^2}{F_2/l_2^2} \tag{5-1}$$

式中　P_1——PFC^{3D}模型中筒仓的压力；

P_2——试验中筒仓的压力；

F_1——PFC^{3D}模型中筒仓的应力；

F_2——试验中筒仓的应力；

l_1——PFC^{3D}模型中筒仓的半径；

l_2——试验中筒仓的半径。

把 Janssen 理论中储料对筒仓侧壁水平侧压力公式代入式(5-1)，可以推出：

$$\lambda_P = \frac{P_1}{P_2} = \frac{\rho_1 R_1/\mu_1}{\rho_2 R_2/\mu_2}\left(\frac{1 - e^{-\mu_1 k_1 z_1/R_1}}{1 - e^{-\mu_2 k_2 z_2/R_2}}\right) \tag{5-2}$$

式中　ρ_1、ρ_2——PFC^{3D}模型、试验中储料的密度；

R_1、R_2——PFC^{3D}模型、试验中筒仓的水力半径；

μ_1、μ_2——PFC^{3D}模型、试验中仓壁的摩擦系数；

k_1、k_2——PFC^{3D}模型、试验中纵横压力比；

z_1、z_2——PFC^{3D}模型、试验中储料的高度。

仓壁的摩擦系数和纵横压力比趋近于无穷小，因此 $\mu_1 = \mu_2$，$k_1 = k_2$。PFC^{3D}模型和试验内筒仓的高度和半径比值应保持相同：

$$\frac{z_1}{R_1} = \frac{z_2}{R_2}$$

因此

$$\lambda_P = \frac{P_1}{P_2} = \frac{\rho_1 R_1}{\rho_2 R_2} \tag{5-3}$$

PFC^{3D}模型和试验测得静态侧压力要保持一致，则 $\lambda_p = 1$，得：

$$\rho_1 R_1 = \rho_2 R_2 \tag{5-4}$$

也就是说，当筒仓模型为缩尺模型时，筒仓缩小几倍，颗粒的密度要相应地增加几倍。本书建立的是和试验模型 1∶1 大小的 PFC^{3D}数值模型，因此颗粒密度取室内试验测量到的数值 800 kg/m^3。

本次模拟用到的材料参数见表 5-2。

表 5-2　模拟用材料参数

颗粒法向刚度（N/m）	颗粒切向刚度（N/m）	墙体法向刚度（N/m）	墙体切向刚度（N/m）	颗粒摩擦系数	墙体摩擦系数	颗粒密度（kg/m^3）	颗粒半径（mm）
2×10^5	1×10^5	1×10^6	1×10^6	0.3	0.35	800	6 ~ 8

5.4　筒仓装料的 PFC^{3D} 模拟

为了测量筒仓的静态侧压力，首先需要对筒仓进行装料，对于离散元软件 PFC^{3D}，有 2 种不同的装料方式可供选择。第 1 种是通过颗粒放大法，在整个筒仓范围内按一定的孔隙率生成颗粒，这种装料方式比较简单，但是颗粒初始应力很大，颗粒的数量很多，要使这么多颗粒达到初始静力平衡状态，需要迭代的时步很多，耗时很长，且这种装料方式生成颗粒的位置和排列方式与实际装料的情况不符。第 2 种装料方式是模拟实际装料，即在模拟的筒仓上方生成一定数量、指定大小的颗粒，然后给颗粒施加重力场，让它们靠重力自由下落，当颗粒下落到筒仓内，再让模型运行一定的时步，从而使颗粒堆积密实，当监测的最大不平衡力趋于零时，这一部分的装料结束，然后再在筒仓上方生成颗粒，开始下一次装料，直至把筒仓装满。这种装料方式模拟实际装料，因为每次生成的颗粒数量相对较少，达到静力平衡状态需要的时步相对较少，且颗粒之间的位置和排列方式与真实装料最为接近。

本次数值模拟采用第 2 种装料方式，总共分 20 次装满。先在筒仓上方生成指定数量的半径为 6 ~ 8 mm 的小球颗粒，然后再设定重力场，使颗粒在自身重力的作用下下落，运行一定时步后，观察最大不平衡力，当其趋近于零时，颗粒堆积稳定密实，开始下次装料，循环重复此过程 20 次，直至把筒仓装满。

以第 4 次装料为例，如图 5-3 所示，表示的是向筒仓内加料时，先在筒仓上方生成颗粒，然后颗粒靠重力下落至筒仓内。

筒仓数值模拟分层装料过程如图 5-4 所示。

(a)生成第4次装料的颗粒

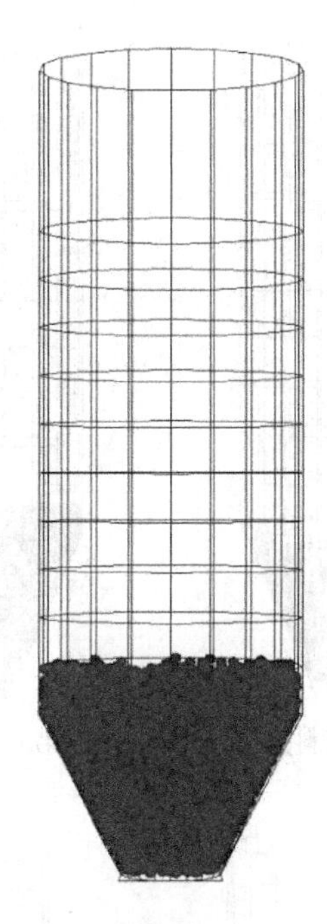

(b)第4次装料完成

图5-3　筒仓数值模型第4次装料示意

筒仓侧压力的监测通过程序“wall_stress”实现。生成墙体时,筒仓是通过多个环形墙叠加而成的,每个环形墙上监测到的侧压力值作为环形墙中心高度处的侧压力。对每个环形墙,首先监测到每个颗粒与墙体的接触力,再通过“loop”循环命令,将这些力叠加得到总接触力,除以该环形墙的内表面积,就得到该环形墙的侧压力。当监测墙上的侧压力保持不变时,也认为该时刻颗粒堆积稳定密实,可以进行下次装料。

筒仓的最大不平衡力如图5-5所示。

在图5-5中,曲线波动比较大处,是颗粒下降过程中,刚接触仓壁,颗粒之间会有碰撞,当颗粒完全下落后,不再运动,颗粒的最大不平衡力趋近于零,说明此时颗粒堆积稳定密实,该筒仓数值模型的计算达到收敛。

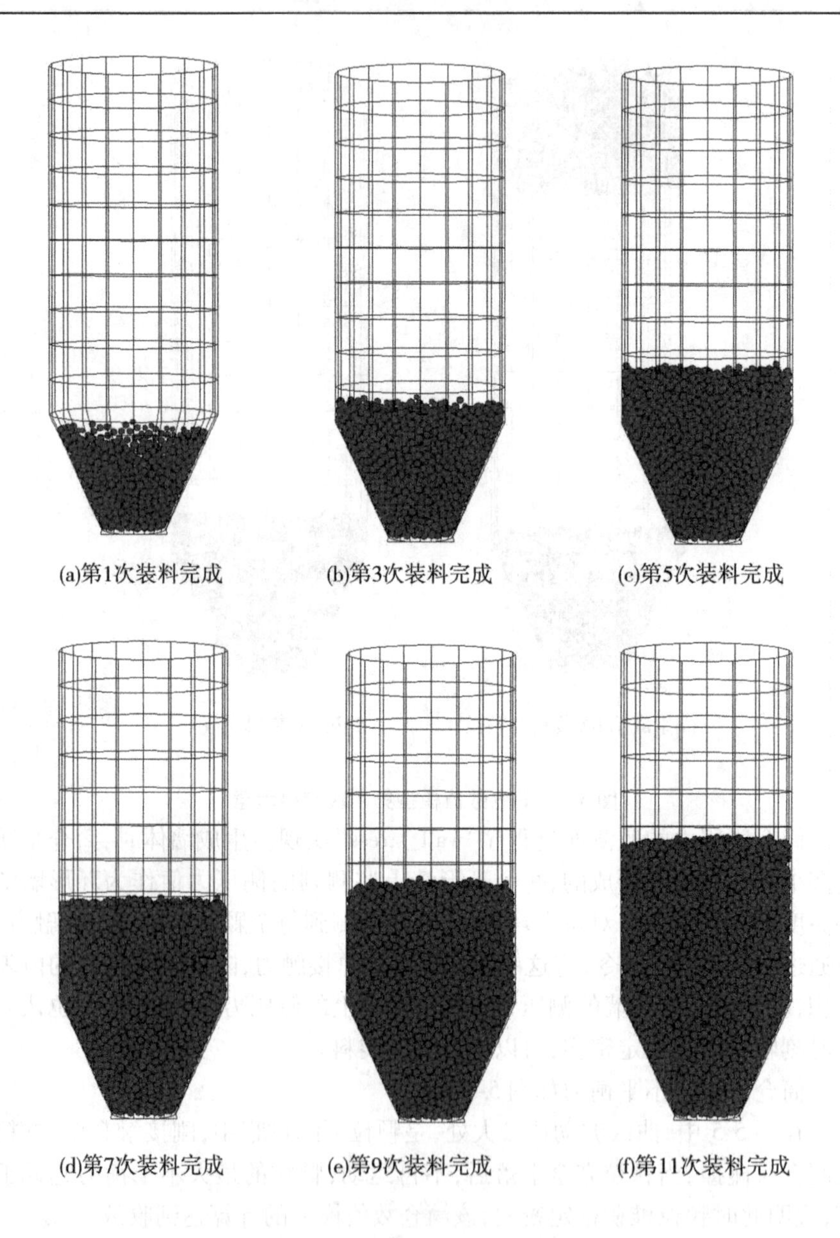

图 5-4　筒仓数值模型分层装料过程

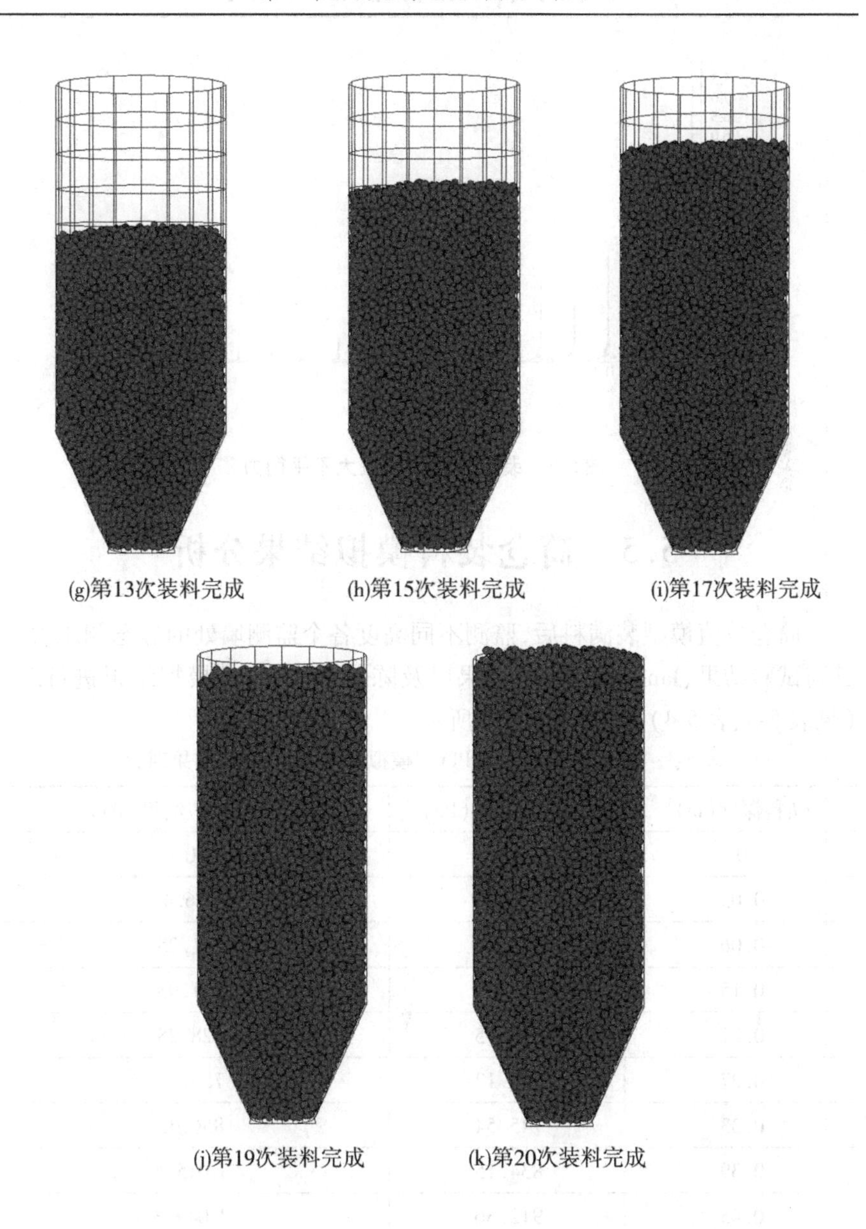

(g)第13次装料完成　(h)第15次装料完成　(i)第17次装料完成

(j)第19次装料完成　(k)第20次装料完成

续图 5-4

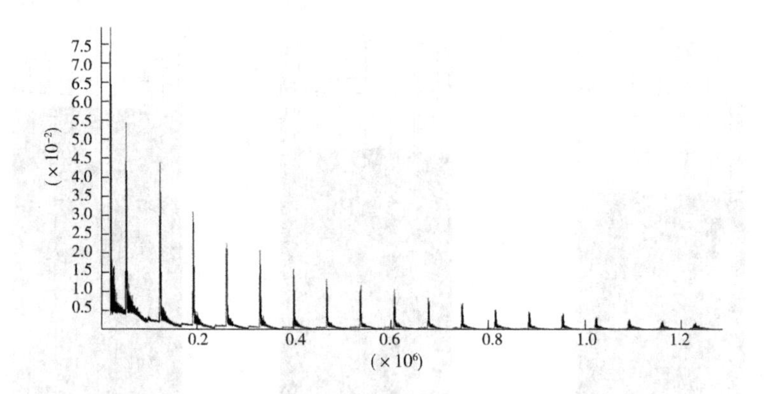

图 5-5　装料过程中的最大不平衡力

5.5　筒仓装料模拟结果分析

筒仓数值模型装满料后，监测不同高度各个监测墙处的静态侧压力，将其与试验结果、Janssen 计算的结果以及陈长冰的 PFC^2D 模拟结果进行对比(见表 5-3、表 5-4)，结果如图 5-6 所示。

表 5-3　筒仓静态侧压力 PFC^3D 模拟结果和 Janssen 结果对比

储料深度(m)	Janssen 结果(Pa)	PFC^3D 模拟结果(Pa)
0	0	0
0.03	90.84	126.4
0.06	176.19	281.25
0.15	402.43	521.93
0.21	531.35	628.28
0.27	645.12	784.35
0.33	745.54	856.35
0.39	834.15	1 015.8
0.45	912.36	1 049.3
0.51	981.38	1 106.4
0.57	1 042.30	1 145.7

表 5-4　陈长冰筒仓静态侧压力 PFC^{2D} 模拟结果和试验结果对比

储料深度(m)	PFC^{2D} 模拟结果(Pa)	试验结果(Pa)
0	0	0
0.05	195	0.32
0.15	507	0.59
0.25	780	0.84
0.35	957.6	1.02
0.45	1 096	1.15
0.55	1 248	1.30

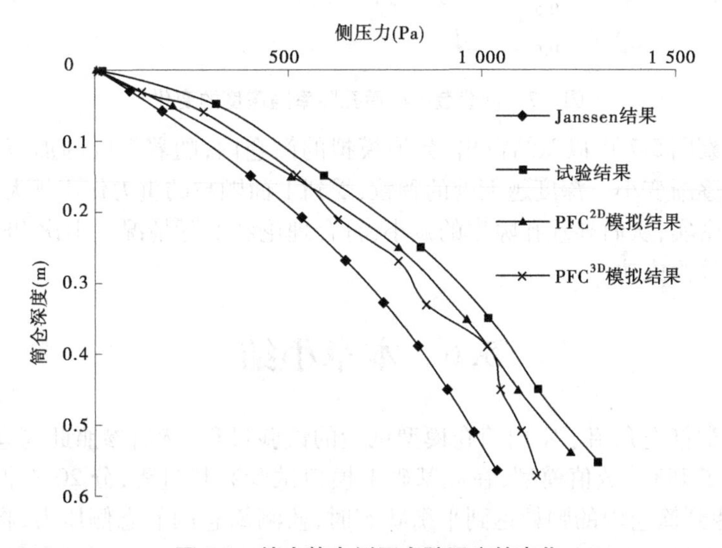

图 5-6　筒仓静态侧压力随深度的变化

观察以上数据可知，随着深度的增加，筒仓静态侧压力逐渐加大。其中，Janssen 公式得出的结果相较于模拟与试验所得的结果小，离散元软件 PFC^{3D} 模拟的结果与规范较接近，静态侧压力数值最大偏差为 10% 左右，与室内试验结果的最大偏差为 20% 左右。说明利用离散元软件 PFC^{3D} 可以很好地模拟筒仓侧压力的分布情况，选取的参数合理、合适，结果便接近规范计算的理论值和室内试验结果。

当储料装满筒仓后，令颗粒达到平衡状态，通过监测命令“measure”由浅至深在整个筒仓高度范围内建立数个监测球，用于监测不同高度处的孔隙率大小，根据本书第 2 章的研究，监测半径推荐使用颗粒平均半径的 4 倍，即监测球半径设定为 0.028 m，监测到的孔隙率随深度变化的结果如图 5-7 所示。

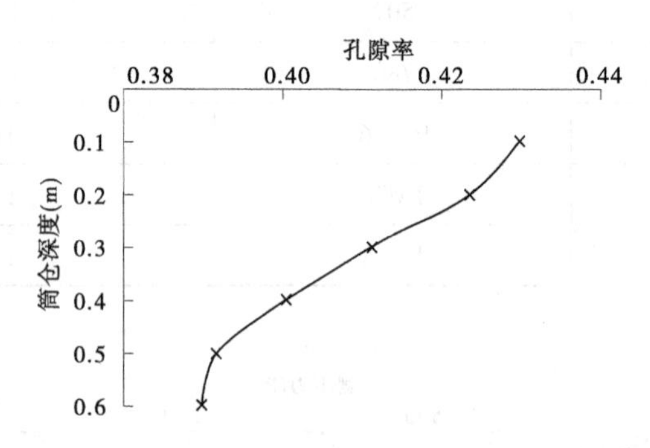

图 5-7 筒仓装满料后孔隙率随深度的变化

观察图 5-7 可以总结得出，数值模拟的筒仓内，随着深度的加深，储料孔隙率逐渐变小。深度越大处的颗粒，受到上面颗粒的重力作用越大，被挤压得越密实，从而导致孔隙率的减小，符合理论和实际情况。本次 PFC^{3D} 数值模拟较为成功。

5.6 本章小结

本章首先介绍了室内筒仓模型试验的试验过程，然后参照此筒仓等比例建立了 PFC^{3D} 数值模型，在此基础上模拟试验装料过程，分 20 次把筒仓装满，待到筒仓内的颗粒达到平衡状态时，监测筒仓的静态侧压力，将得到的筒仓满料状态下静态侧压力随深度的变化规律与 Janssen 理论结果、试验结果以及 PFC^{2D} 模拟结果进行对比，得出以下结论：

（1）筒仓的尺寸、颗粒大小的选取要合适，当颗粒的粒径太大时，侧压力波动太大；当粒径达到卸料口开口尺寸的 1/6 时，由于机械堵塞，卸料过程将不能进行；当颗粒粒径太小时，计算速度十分缓慢。通过反复试算，将颗粒的半径确定为 6 ~ 8 mm，筒仓满仓时生成颗粒的数量为 19 000 左右，计算速度尚可接受。

（2）筒仓和颗粒的法向刚度和切向刚度要相匹配，刚度太小，会造成模拟结果的侧压力过小；刚度太大，则造成模拟结果的侧压力过大，颗粒不容易达到平衡状态。如果颗粒的刚度大于墙体的刚度或者颗粒的刚度远小于墙体的刚度，则会造成颗粒穿出墙体，模拟失败。颗粒法向刚度取值为 2×10^5 N/m，切向刚度取值为 1×10^5 N/m，筒仓墙体法向、切向刚度共同取值为 1×10^6 N/m。

(3)筒仓装料时，模拟实际装料，在筒仓上方生成颗粒，靠重力自由下落，分 20 次装满。这种装料方式因为每次生成的颗粒数量相对较少，达到静力平衡状态需要的时步相对较少，且颗粒之间的位置和排列方式与真实装料最为接近。

(4)数值模拟的筒仓内，随着深度的增加，储料孔隙率逐渐变小。深度越大处的颗粒，受到上面颗粒的重力作用越大，被挤压得越密实，从而导致孔隙率的减小，符合理论和实际情况。

(5)筒仓装满颗粒时，数值模型监测到的静态侧压力随着深度的增加而逐渐增大，与规范理论值、试验值以及 PFC^{2D} 模拟值接近，本次试验可以反映真实筒仓储料静态工况下的仓壁侧压力分布状况。

第 6 章 筒仓动态卸料相互作用

6.1 引 言

离散元 PFC^{3D}与室内试验及有限元软件相比，在模拟散体颗粒类试验时有着先天优势，我们可以通过 PFC^{3D}从各个角度、各个剖切面观察颗粒的流动形式，分析散体颗粒运动和颗粒与粮仓动力的相互作用。

第 5 章中，利用离散元软件 PFC^{3D}模拟了筒仓储料静态工况下的仓壁侧压力，并与规范理论结果、试验结果以及 PFC^{2D}结果进行了对比。对比结果表明，利用 PFC^{3D}软件模拟筒仓储料时的静态工况是可行的。但是实际中，筒仓不止静态储料这一种工况，筒仓会出现倒塌事故，而这些事故很多发生在筒仓动态卸料工况下，此时的动态侧压力可能是 Janssen 公式值的数倍，发生最大侧压力的位置位于直筒与漏斗的连接处，但目前尚没有统一的动态侧压力理论来阐述卸料时动压力增大机理。因此，在第 5 章的基础之上，深入研究卸料过程中仓体壁面的动态侧压力分布情况，分析孔隙率的变化规律，从细观上研究卸料过程粮食发生剪胀现象对筒仓侧压力增大影响的机理。

6.2 筒仓卸料的 PFC^{3D} 建模

在第 5 章静态模型的基础上，进行筒仓的卸料模拟。在卸料开始之前，通过“set_up_layers”命令对筒仓内的颗粒按高度进行分层，一定高度范围内的颗粒归为同一层，通过“plot”命令将颗粒染色，然后再通过“plot set plane”命令定义剖切面，将剖切面设定到过筒仓中轴线且与仓壁平行，这样在卸料时就可以明显地看出颗粒的流动形式，分析动态工况下的仓壁侧压力的变化机理。

要将筒仓数值模型进行卸料，只需将卸料口处编号 id 为 1111 的挡板墙删除，筒仓内的散体颗粒就会在重力场的作用下自动卸出。当颗粒从卸料口出来后再下降一定距离，作者认为该颗粒不再对筒仓的动态侧压力产生影响，这时通过“check_brange”命令，将距离卸料口下方 50 mm 及以下的颗粒删除，这样可以减少程序每一步需要参与计算的颗粒的个数，从而使程序卸料的效率更高，减少计算时间。数值模拟的筒仓卸料展示如图 6-1、图 6-2 所示。

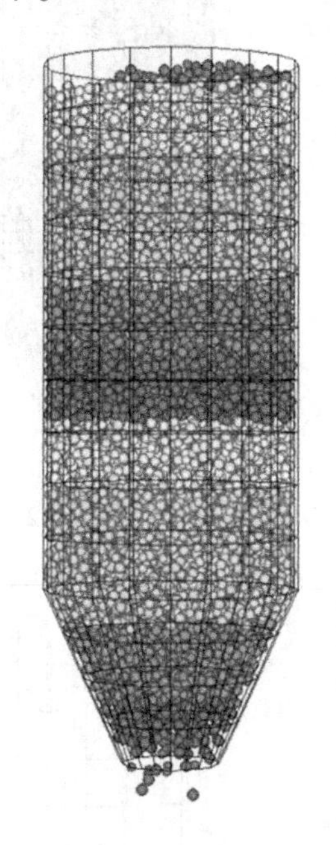

图 6-1　数值模拟的筒仓卸料示意

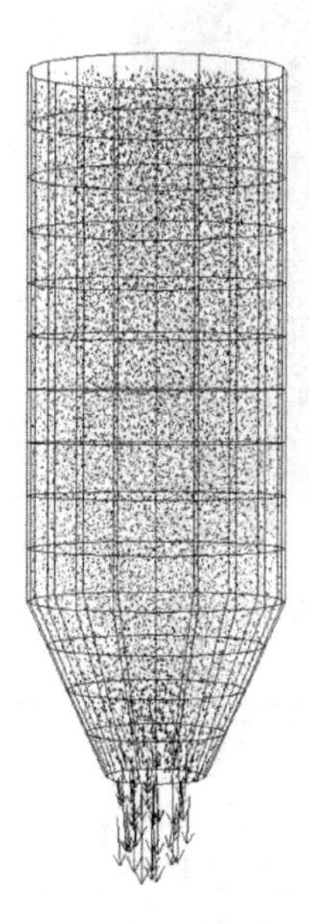

图 6-2　数值模拟的筒仓卸料颗粒运动方向示意

6.3　筒仓卸料的 PFC^{3D} 模拟结果

数值模拟筒仓卸料的全过程如图 6-3 所示，通过在 PFC^{3D} 中建立一个剖切面，可以清晰地观察筒仓卸料的颗粒流动形式，以便更好地分析筒仓卸料机理。在整个模拟卸料过程中，每一时步对应现实中的时间大约为2.5×10^{-5} s。

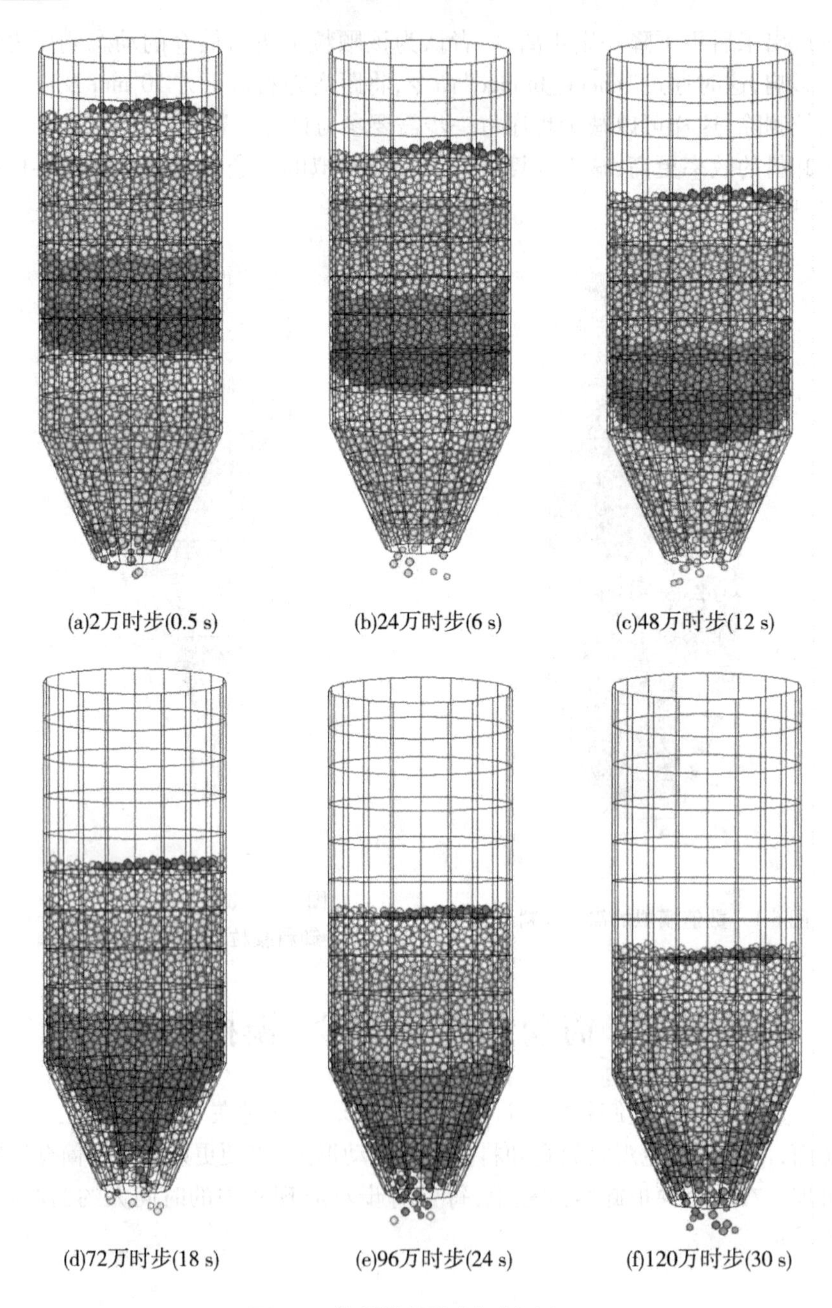

(a)2万时步(0.5 s)　(b)24万时步(6 s)　(c)48万时步(12 s)

(d)72万时步(18 s)　(e)96万时步(24 s)　(f)120万时步(30 s)

图 6-3　数值模拟筒仓卸料过程

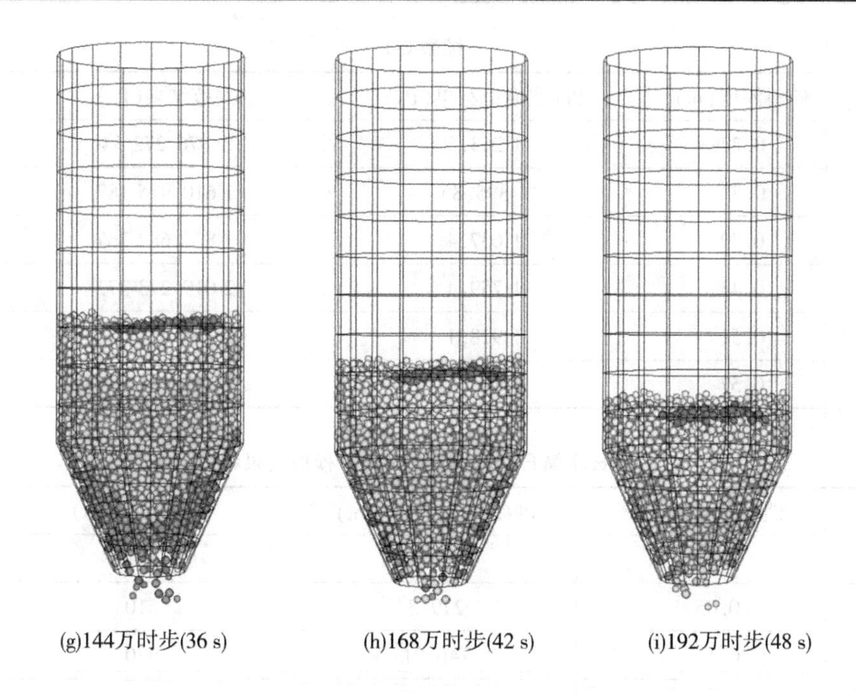

(g)144万时步(36 s)　(h)168万时步(42 s)　(i)192万时步(48 s)

续图 6-3

观察卸料过程发现,散体颗粒先是整体流动,然后变为漏斗形流动。

数值模拟筒仓卸料时通过监测仓壁侧压力,取其卸料过程中出现的最大值作为该处的动态侧压力,总结出的结果见表 6-1、表 6-2。总结室内模型试验结果、PFC^{2D}数值模拟结果和规范理论值,并做出筒仓动态侧压力曲线,如图 6-4 所示。

表 6-1　筒仓动态侧压力 PFC^{3D} 模拟结果和规范结果

储料深度(m)	PFC^{3D}模拟结果(Pa)	规范结果(Pa)
0	0	0
0.03	210.4	102.200 455 2
0.06	434.3	220.537 655 1
0.15	854.2	660.708 350 9
0.21	1 035.1	1 014.720 558

续表 6-1

储料深度(m)	PFC^{3D}模拟结果(Pa)	规范结果(Pa)
0.27	1 253.5	1 376.272 54
0.33	1 395.85	1 610.975 187
0.39	1 637.4	1 824.682 767
0.45	1 759.4	2 019.273 372
0.51	1 918.1	2 196.457 088
0.57	2 003.8	2 357.791 031

表 6-2　陈长冰筒仓动态侧压力 PFC^{2D}模拟结果和试验结果

储料深度(m)	PFC^{2D}模拟结果(Pa)	试验结果(Pa)
0	0	0
0.05	279.5	510
0.15	746.91	920
0.25	1 072.42	1 300
0.35	1 266.35	1 440
0.45	1 551.01	1 680
0.55	1 725.16	1 780

由图 6-4 可知,PFC^{3D}模拟得出的筒仓动态工况下的仓壁侧压力与规范计算结果、室内模型试验结果以及陈长冰的 PFC^{2D}模拟结果相近,随着深度的增加,动态工况下各位置处的仓壁侧压力逐渐加大。本书模拟的动态工况下的仓壁侧压力远大于静态工况下的仓壁侧压力,其超压系数最大值为 1.75,说明卸料时的仓壁动态侧压力远大于静态侧压力,所以筒仓卸料时容易发生倒塌等安全事故。

根据实际情况以及经验,影响筒仓卸料动态侧压力的因素有很多,大致归纳为 3 大类:第 1 类是筒仓的尺寸,主要包括漏斗的倾角、卸料口的大小、筒仓的高径比等。第 2 类是颗粒的性质,主要包括颗粒的尺寸、密度、摩擦系数等。第 3 类是筒仓的运行工况,主要包括装料形式(分散、中心)、卸料形式(中心、偏心)。本节主要研究漏斗倾角、卸料口大小、颗粒内外摩擦系

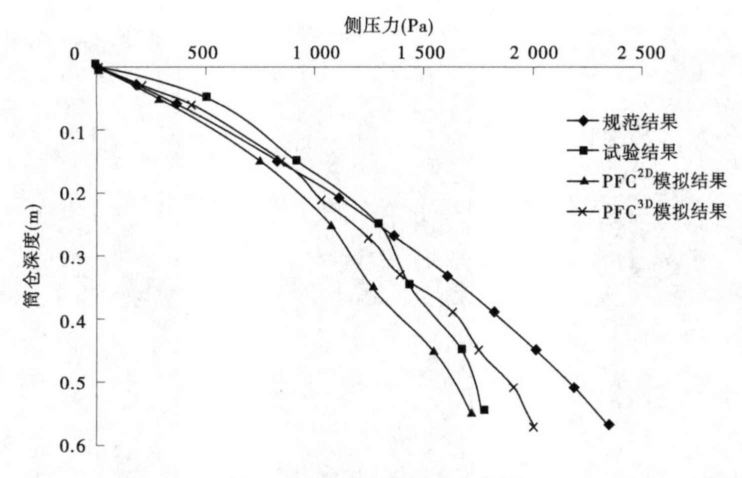

图 6-4　筒仓动态侧压力曲线

数、装料形式对卸料动态侧压力的影响。

6.3.1　漏斗倾角与卸料动态侧压力的关系

在原筒仓模型的基础上，改变程序的某个参数，保持卸料口大小为 115 mm、筒仓高度为 600 mm、筒仓直径为 300 mm 不变，改变漏斗倾角分别为 65°、55°、45°，采用和原模型相同的分散式分层装料，筒仓装满的模型如图 6-5 所示。不同漏斗倾角的筒仓卸料 20 万时步（5 s）的模拟情况见图 6-6。

3 种不同漏斗倾角的筒仓数值模拟得出的静态工况下和动态工况下的仓壁侧压力随深度的变化如图 6-7 所示。

由图 6-7 可以得出以下结论：

（1）当其他条件相同时，漏斗倾角越大，卸料时颗粒流动形式由整体流动向漏斗型流动转变得越慢。因为倾角越大，筒仓变得越“细长”，在漏斗两侧越不容易出现死料区，从而越不容易转变为漏斗形流动。

（2）漏斗倾角的大小对筒仓静态工况下的仓壁侧压力影响较小，漏斗倾角越大，动态侧压力越大，超压系数越大。这个结果与陈长冰筒仓动态侧压力 PFC^{2D} 的模拟结果一致。当漏斗倾角为 45°时，超压系数为 1.55；当漏斗倾角为 55°时，超压系数为 1.61；当漏斗倾角为 65°时，超压系数为 1.75。

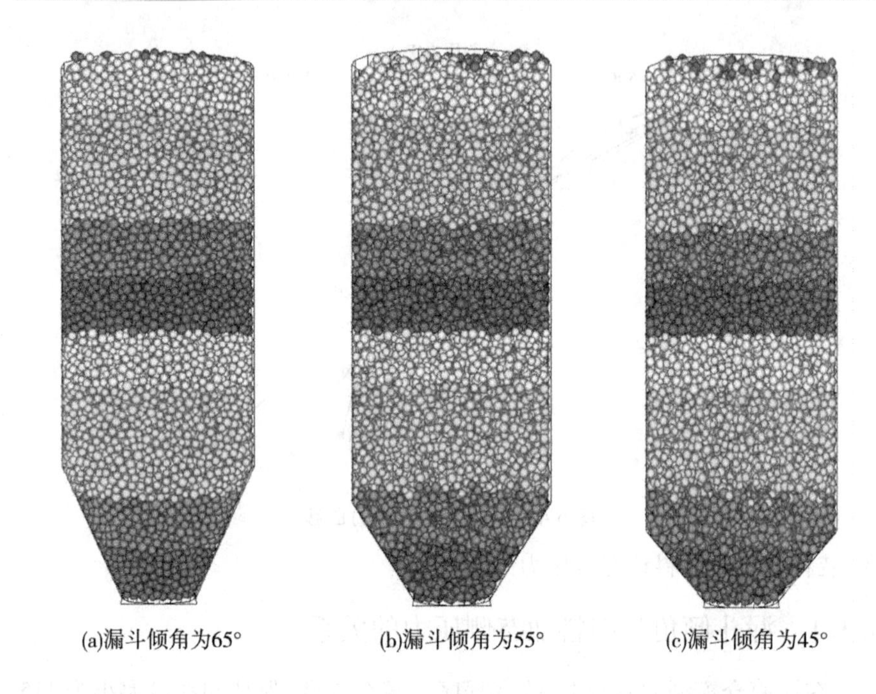

图 6-5 不同漏斗倾角的筒仓模型

6.3.2 卸料口大小与卸料动态侧压力的关系

在原筒仓模型的基础上,编制新的程序,保持漏斗倾角为65°、筒仓高度为600 mm、筒仓直径为300 mm不变,改变卸料口大小分别为115 mm、96 mm、70 mm,采用和原模型相同的分散式分层装料,筒仓装满的模型如图6-8 所示。

当筒仓进行卸料时,对于卸料口为70 mm的筒仓,由于卸料口开口小于颗粒最大粒径的6倍,卸料时会发生机械堵塞作用,不能顺利卸料。监测到的筒仓侧压力如图6-9 所示。

观察图6-9 可以总结出:卸料口的开口大小对静态工况下的仓壁侧压力无影响。卸料时,卸料口越小,动态侧压力越大。这是因为卸料时,卸料口越小,卸料越缓慢,在漏斗处颗粒碰撞得越厉害,相互挤压得越厉害,从而产生更大的侧压力。这个结果与陈长冰 PFC^{2D} 的模拟结果一致。

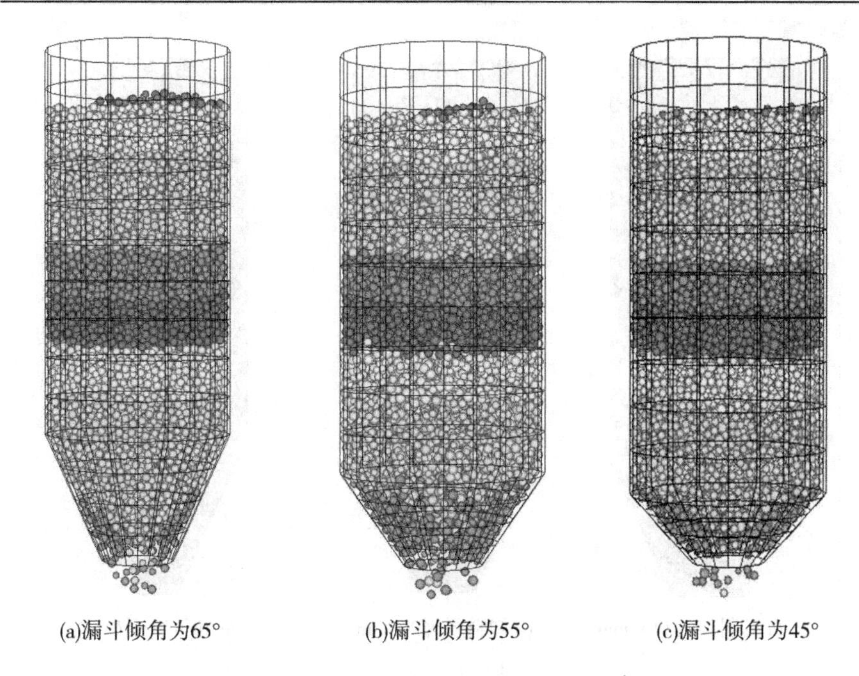

图 6-6　不同漏斗倾角的筒仓卸料 20 万时步(5 s)

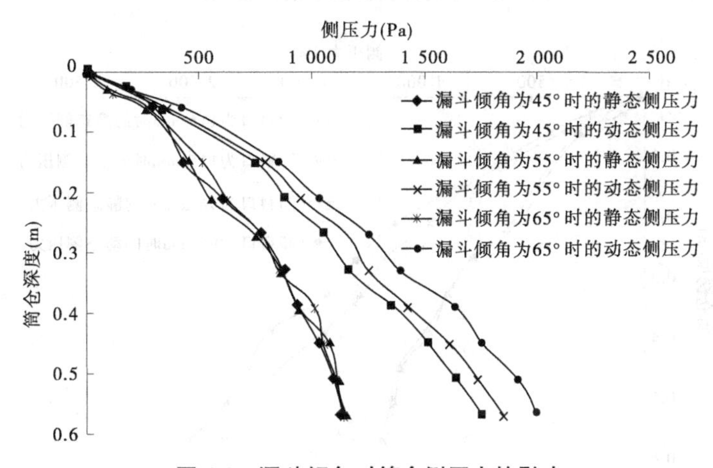

图 6-7　漏斗倾角对筒仓侧压力的影响

6.3.3　颗粒内摩擦系数与卸料动态侧压力的关系

保持筒仓尺寸相同,改变颗粒与颗粒之间的摩擦系数,即内摩擦系数分

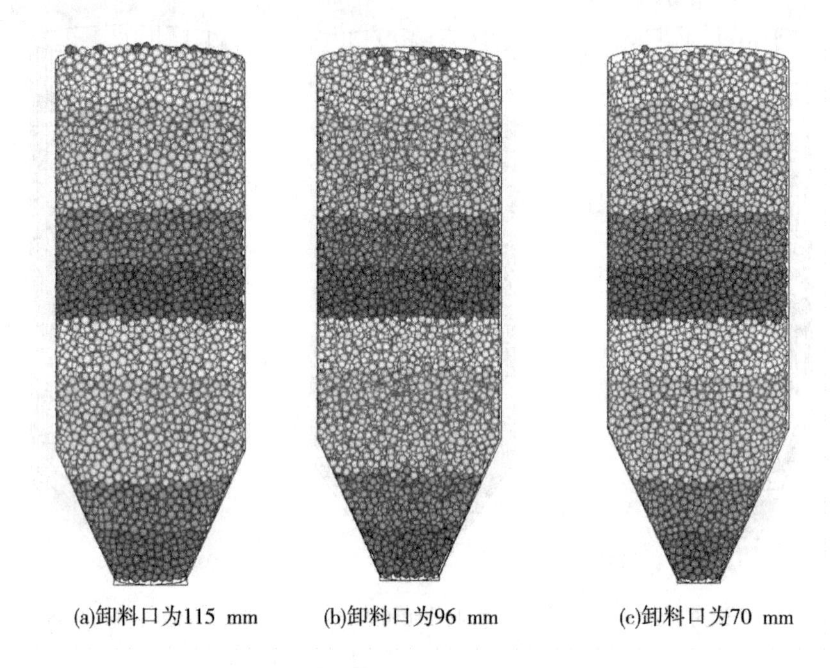

图 6-8　不同卸料口大小的筒仓模型

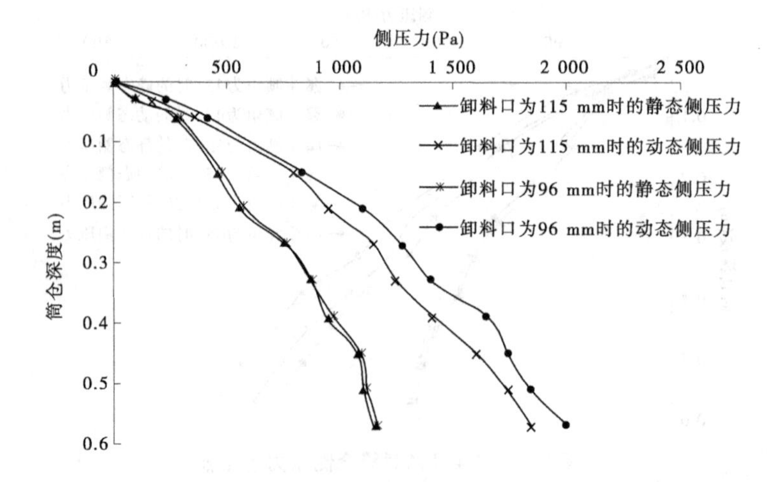

图 6-9　卸料口大小对筒仓侧压力的影响

别为 0.2、0.3、0.4，建立 3 个不同的数值模型，模拟筒仓卸料，得到筒仓静态工况和动态工况下的仓壁侧压力，如图 6-10 所示。

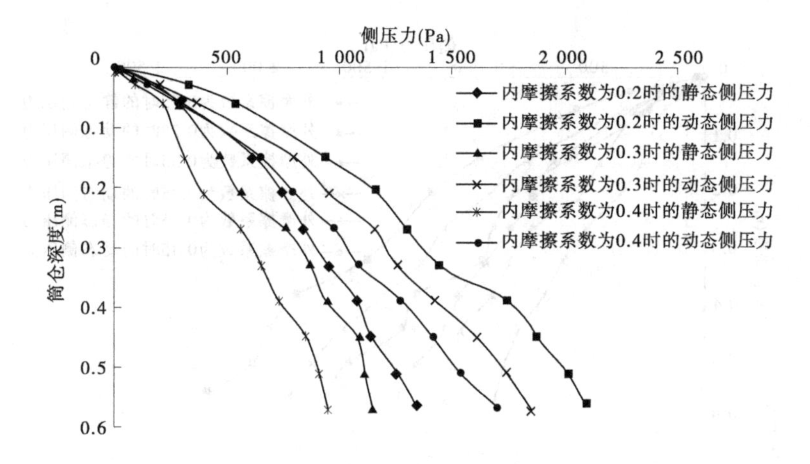

图 6-10 颗粒内摩擦系数对筒仓侧压力的影响

由图 6-10 可以看出,随着颗粒内摩擦系数的增大,静态工况和动态工况下的仓壁侧压力都逐渐减小。这个结果与陈长冰 PFC^{2D} 的模拟结果一致。

6.3.4 颗粒外摩擦系数与卸料动态侧压力的关系

保持筒仓尺寸相同,改变颗粒和墙体之间的摩擦系数,即外摩擦系数分别设定为 0.25、0.35、0.45,建立 3 个不同的数值模型,模拟筒仓卸料,得到筒仓静态工况和动态工况下的仓壁侧压力,如图 6-11 所示。

由图 6-11 可以看出,随着外摩擦系数的增加,静态工况和动态工况下的仓壁侧压力都逐渐减小。这个结果同样与陈长冰 PFC^{2D} 的模拟结果一致。

6.3.5 装料形式与卸料动态侧压力的关系

筒仓有不同的装料形式:分散装料和中心装料。分散装料的料顶是平面的,中心装料的料顶是锥面的。装满料后的筒仓数值模型如图 6-12 所示。

中心装料和分散装料两种数值模型,在静态工况和动态工况下监测到的侧压力如图 6-13 所示。

由图 6-13 可以看出,不管是分散装料还是中心装料,其对筒仓静态侧

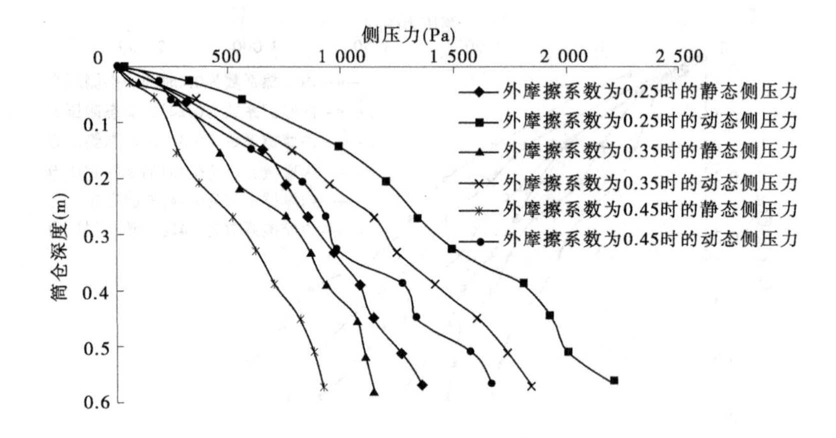

图 6-11　颗粒外摩擦系数对筒仓侧压力的影响

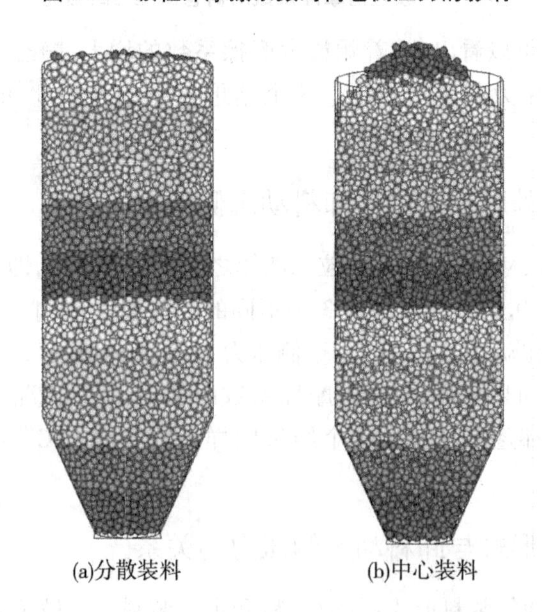

图 6-12　不同装料形式的筒仓数值模型

压力和动态侧压力的影响不大。这个结果与陈长冰 PFC^{2D} 的模拟结果一致。

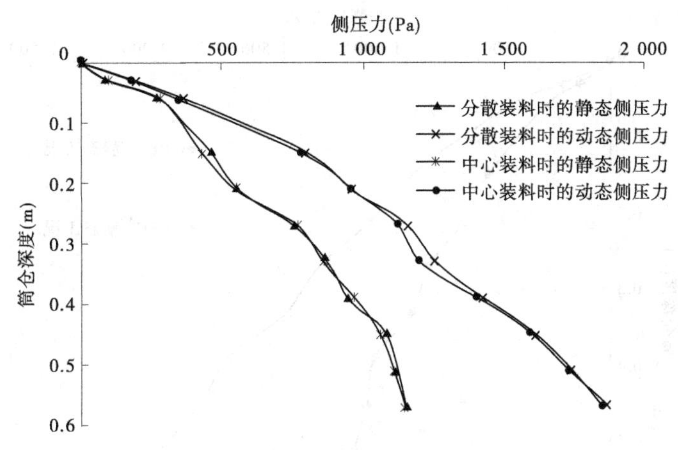

图 6-13　不同装料形式下的筒仓侧压力

6.4　筒仓卸料的机理分析

众所周知,散体有剪胀和剪缩的性质,而此特性与散体接触面的粗糙度、散体密实度、散体的法向应力等都有关系。散体密度增大会使接触面的摩擦角增大,从而使储料发生剪胀。本书利用离散元模拟,分析孔隙率分布情况,以此来阐释由于卸料导致粮食密实进而发生剪胀导致侧压力增大的机理。

由图 6-14 可以看出,数值模拟中筒仓卸料时动态工况下的仓壁侧压力远大于静态工况下的仓壁侧压力,与模型试验结果相符。PFC^{3D}模拟筒仓侧压力的超压系数见表 6-3。

表 6-3　PFC^{3D}模拟筒仓侧压力的超压系数

储料深度(m)	PFC^{3D}静态工况(Pa)	PFC^{3D}动态工况(Pa)	超压系数
0	0	0	0
0.03	126.4	210.4	1.66
0.06	281.25	434.3	1.54
0.15	521.93	854.2	1.64
0.21	628.28	1 035.1	1.65
0.27	784.35	1 253.5	1.60
0.33	856.35	1 395.85	1.63
0.39	1 015.8	1 637.4	1.61
0.45	1 049.3	1 759.4	1.68
0.51	1 106.4	1 918.1	1.73
0.57	1 145.7	2 003.8	1.75

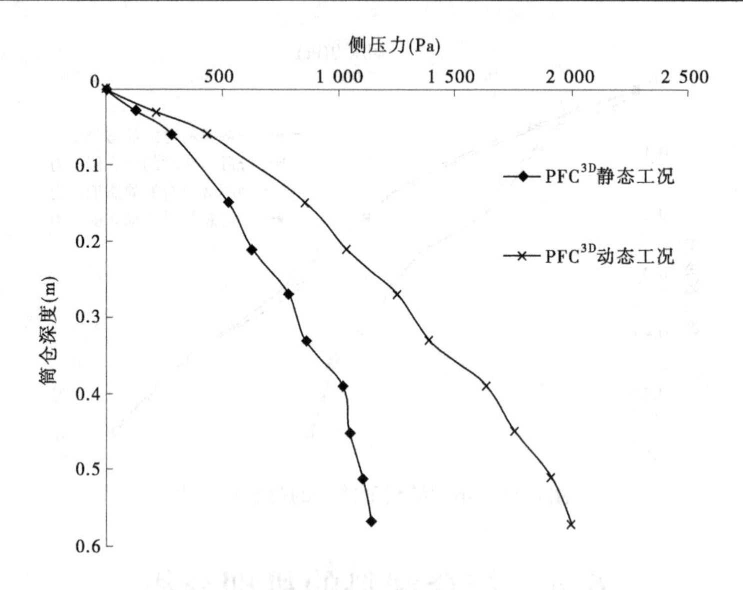

图 6-14　PFC^{3D}模拟筒仓静态和动态工况下的仓壁侧压力

卸料开始后，卸料口开放，在重力场的作用下，仓内储料由底部开始向外流动，各个颗粒在较短的时间内完成了由静止状态向运动状态的转变。在这个过程中，颗粒之间发生相互碰撞和相互挤压，导致储料变密实，孔隙率减小，这种碰撞和挤压在漏斗和直筒交接处更加明显。当孔隙率减小到一定值时，储料会发生剪胀现象，孔隙率增大，颗粒向两侧膨胀，而筒仓仓壁阻碍这种膨胀，使得筒仓的动态侧压力增大，从而产生超压现象。张曼利用 ABAQUS 有限元软件模拟了筒仓卸料，认为卸料时，储料密度随着高度的变化较大，尤其在最大侧向压力处附近，储料密度的急剧增加会导致其密实度的增加，说明单位体积内颗粒数量增加，致使该范围内储料的剪胀性增加，该结论与本书结论相似。

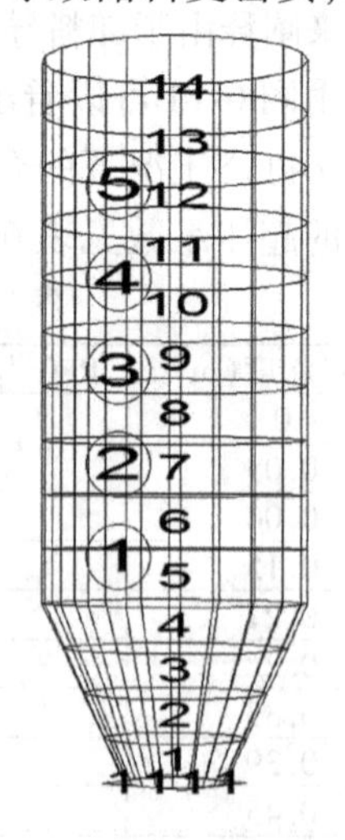

图 6-15　孔隙率监测器位置

如图 6-15 所示，筒仓数值模型中设置了 5 个球形孔隙率监测器，用于实时监测筒仓内的孔隙率，1 号监测器大致位于 5 号墙体高度处，监测半径为仓内颗粒平均半径的 4 倍。

观察图 6-16,对比了卸料全过程中的 5 号墙墙壁侧压力以及 1 号监测球位置处的孔隙率。随着时步的变化,可以看出,当卸料 8.33 万时步(2.08 s)时,1 号监测球位置处的孔隙率是 0.427,处于峰值状态,而此时对应的 5 号墙墙壁侧压力达到最大值 2 003.8 Pa。随后接着卸料,大致可以看出,每当孔隙率加大时,对应的仓壁侧压力也加大。这很好地说明了筒仓卸料时,储料会发生剪胀,孔隙率加大,仓壁侧压力增加。

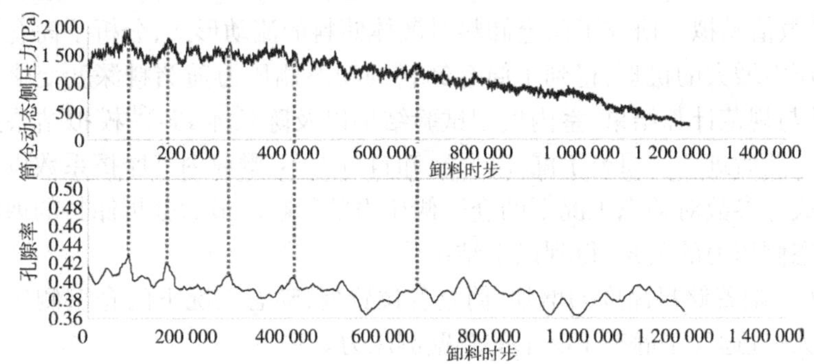

图 6-16　动态侧压力、孔隙率在卸料时的变化

如图6-17所示,分别是筒仓卸料6万时步和8.33万时步时筒仓的力

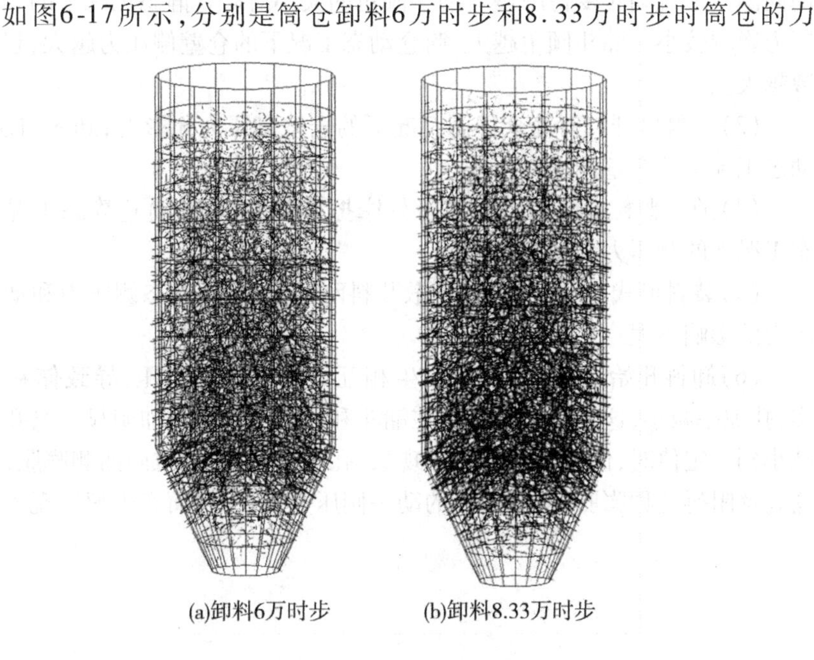

(a)卸料6万时步　　(b)卸料8.33万时步

图 6-17　卸料时的力链图

链图。可以明显看出,当卸料 8.33 万时步(2.08 s)时,动态工况下的仓壁侧压力处于峰值,力链更密。

6.5 本章小结

本章以小麦颗粒的细观参数、静力筒仓模型为基础,进行了筒仓卸料的 PFC^{3D}数值模拟。研究了筒仓卸料时散体储料的流动形式,分析了筒仓卸料时侧压力增大的机理,得到了筒仓卸料的动态侧压力随储料深度变化的曲线,并与规范计算结果、室内模型试验结果以及陈长冰 PFC^{2D}模拟结果进行对比。然后进一步研究了漏斗倾角、卸料口大小、颗粒内外摩擦系数以及装料形式等参数对动态工况下的仓壁侧压力的影响。最后分析储料的剪胀性与动态侧压力的关系,得到以下结论:

(1)随着储料深度的增加,筒仓各位置处,动态工况下的仓壁侧压力逐渐增大,且远大于静态工况下的仓壁侧压力。

(2)当其他条件相同时,漏斗倾角越大,卸料时颗粒流动形式由整体流动向漏斗形流动转变得越慢。漏斗倾角的大小对筒仓静态工况下的仓壁侧压力影响较小。漏斗倾角越大,筒仓动态工况下的仓壁侧压力越大,超压系数越大。

(3)卸料口开口对筒仓静态工况下的仓壁侧压力无影响;卸料口越小,动态工况下的仓壁侧压力越大。

(4)随着颗粒内摩擦系数或者外摩擦系数的增大,筒仓静态工况和动态工况下的侧压力都逐渐减小。

(5)装料形式(中心装料和分散装料两种)对筒仓静态侧压力和动态侧压力的影响不大。

(6)卸料开始后,颗粒之间发生相互碰撞和相互挤压,导致储料变密实,孔隙率减小,这种碰撞和挤压在漏斗和直筒交接处更加明显。当孔隙率减小到一定值时,储料会发生剪胀现象,孔隙率增大,颗粒向两侧膨胀,而筒仓仓壁阻碍这种膨胀,使得筒仓的动态侧压力增大,从而产生超压现象。

参考文献

[1] Airy W. The pressure of grain Minutes of the proceedings of the institution of civil engineers[J]. Thomas Telford - ICE Virtual Library,1898,131(1898):347-358.

[2] Ayuga F,Guaita M,Aguado P J,et al. Discharge and the eccentricity of the hopper influence on the silo wall pressures[J]. Journal of Engineering Mechanics,2001,127(10):1067-1074.

[3] Ayuga F,Guaita M,Aguado P. Static and dynamic silo loads using finite element models [J]. Journal of Agricultural Engineering Research,2001,78(3):299-308.

[4] Cundall P A. A computer model for simulating progressive large sacale movements in blocky systems[C]//Proceedings of the Symposium of the International Society of Rock Mechanics,1971,1(1):Ⅱ-8.

[5] Dogangun A,Karaca Z,Durmus A,et al. Cause of damage and failures in silo structures [J]. Journal of Performance of Constructed Facilities,2009,23(2):65-71.

[6] 中华人民共和国住房和城乡建设部. 粮食平房仓设计规范:GB 50320—2014[S].

[7] Janssen H A. Versuche über getreidedruck in silozellen (Experiments about Pressure of Grain in Silos)[J]. VDIZeitschrift(DÜsseldorf),1895,39(35):1045-1049.

[8] Jenike A W,Johanson J R. Bin loads[J]. Journal of the Structural Division,1968,94(4):1011-1042.

[9] Jofriet J C,Negi S C,Lu Z. A numerical model for flow of granular materials in silos,Part 3:Parametric study[J]. Journal of Agricultural Engineering Research,1997(68):237-246.

[10] Reimbert M L,Reimbert A M. Pressure and overpressure vertical and horizontal silos international conference design of silos for strength and flow[J]. Power Advisory Cent London,England,Sept. 1980.

[11] Reimbert M,Reimbert A. Silos-theory and practice[M]. Trans Tech Publictions,1976.

[12] Smith D L O,Lohnes R A. Grain silo overpressures induced by dilatancy upon unloading [J]. Grain Silo Overpressures Induced by Dilatancy Upon Unloading,1980:80-3013.

[13] Thompson S A,Bucklin R A,Batich C D,et al. Variation in the apparent coefficient of friction of wheat on galvanized steel[J]. Transactions of the ASAE,1988,31(5):1518-1524.

[14] Thompson S A,Ross I J. Compressibility and frictional coefficients of wheat[J]. Transactions of the ASAE,1983,26(4):1171-1176.

[15] Wójcik M, Enstad G G, Jecmenica M. Numerical calculations of wall pressures and stresses in steel cylindrical silos with concentric and eccentric hoppers[J]. Particulate Science and Technology, 2003, 21(3): 247-258.

[16] Yang S C, Hsiau S S. The simulation and experimental study of granular materials discharged from a silo with the placement of inserts[J]. Powder Technology, 2001(120): 244-255.

[17] Yu X, Raeesi A, Ghaednia H, et al. Behavior of a large steel field silo structure subject to grain loading[J]. Journal of Performance of Constructed Facilities, 2017, 31(5): 38-40.

[18] 陈家豪,韩阳,许启铿,等. 高大平房仓散装粮粮堆底部压力的试验研究[J]. 河南工业大学学报(自然科学版),2016,37(2):22-25.

[19] 陈家豪,陈桂香,许启铿,等. 高大平房仓散装粮粮堆底部压力的离散元模拟[J]. 河南工业大学学报(自然科学版),2019,40(2):115-122.

[20] 曾长女,冯照剑,李昭,等. 数字图像测量技术在小麦三轴试验中的应用研究[J]. 河南工业大学学报(自然科学版),2017,38(6):69-73.

[21] 曾丁,黄文彬,华云龙. 筒仓壁压的有限元分析[J]. 农业工程学报,1998,14(2):44-47.

[22] 程绪铎,陆琳琳,石翠霞. 小麦摩擦特性的试验研究[J]. 中国粮油学报,2012,27(4):15-19.

[23] 程绪铎. 筒仓中粮食卸载动压力的研究与进展[J]. 粮食储藏,2008,37(5):20-24.

[24] 董承英. 带流槽侧壁卸料筒仓动态压力及其流态试验研究[D]. 郑州:河南工业大学,2013.

[25] 杜明芳,张昭,周健. 筒仓压力及其流态的颗粒流数值模拟[J]. 特种结构,2004,21(4):39-41.

[26] 段留省. 大直径浅圆钢筒仓卸料动态作用研究[D]. 西安:西安建筑科技大学,2011.

[27] 傅磊,谢洪勇,刘桦. 散料在料仓内流动特性的实验研究[J]. 力学季刊,2003,24(4):482-487.

[28] 厚美瑛,陆坤权. 奇异的颗粒物质[J]. 新材料产业,2001,2(262):28.

[29] 蒋莼秋. 世界筒仓设计规范动向与技术发展[J]. 特种结构,1991,8(4):48-52.

[30] Г К 克列因. 散粒体结构力学[M]. 陈万佳,译. 北京:中国铁道出版社,1983.

[31] 孔维姝,胡林,吴宇,等. 颗粒物质中的奇异现象[J]. 大学物理,2006,25(11):52-55.

[32] 刘定华,王建华,杨建斌. 钢筋混凝土筒仓侧压力的试验研究[J]. 西安建筑科技大学学报,1995,27(1):8-12.

[33] 刘定华.钢筋混凝土筒仓动态压力的计算[J].西安建筑科技大学学报,1994,26(4):349-354.
[34] 刘定华.筒中筒仓仓壁侧压力的研讨[J].建筑科学,1994(4):17-20.
[35] 史志乾,曾长女.方筒仓侧压力的 PFC~(3D)模拟[J].江西建材,2017(4):3-4.
[36] 苏乐逍.立筒仓卸料时仓壁超压的力学分析[J].郑州粮食学院学报,1998,19(4):15-19.
[37] 孙其诚,王光谦.颗粒物质力学导论[M].北京:科学出版社,2009.
[38] 王录民,刘永超,许启铿,等.散粮堆底部压力实测研究[J].河南工业大学学报(自然科学版),2013,34(4):1-4.
[39] 王振清.粮仓建筑与结构[M].北京:中国商业出版社,1992.
[40] 肖昭然,王军,何迎春.筒仓侧压力的离散元数值模拟[J].河南工业大学学报(自然科学版),2006,27(2):10-12.
[41] 许启铿,揣君,曹宇飞,等.散粮堆底部压力颗粒流数值模拟分析[J].中国粮油学报,2017,32(9):126-130.
[42] 许启铿,金立兵,王录民,等.粮食力学参数的试验研究[J].河南工业大学学报(自然科学版),2010,31(1):18-21.
[43] 杨鸿,杨代恒,赵阳.钢筒仓散料静态压力的三维有限元模拟[J].浙江大学学报(工学版),2011,45(8):1423-1429.
[44] 俞良群,邢纪波.筒仓装卸料时力场及流场的离散单元法模拟[J].农业工程学报,2016(4):15-19.
[45] 张林杰,曾长女.方形混凝土储仓分仓仓壁静压力有限元分析[J].粮食与食品工业,2017,24(3):45-49.
[46] 钟智勇.粘性填土重力式挡墙土压力计算方法研究[D].长沙:长沙理工大学,2007.
[47] 周德义,马成林,左春柽,等.散粒农业物料孔口出流成拱的离散单元仿真[J].农业工程学报,1996(2):186-189.
[48] 周长东,郭坤鹏,孟令凯,等.钢筋混凝土筒仓散料的静力相互作用分析[J].同济大学学报(自然科学版),2015,43(11):1656-1661,1669.
[49] 曾长女,冯伟娜.小麦强度特性的三轴试验研究[J].中国粮油学报,2015,30(5):96-101.
[50] Changnv Zeng, Yuke Wang. Compressive behavior of wheat from confined uniaxial compression tests[J]. International Agrophysics, 2019, 33(3):347-354.
[51] 中华人民共和国住房和城乡建设部.土工试验方法标准:GB/T 50123—2019[S].
[52] 中华人民共和国国家质量监督检验检疫总局,中国国家标准化管理委员会.化工产品密度、相对密度的测定:GB 4472—2011[S].

[53] 中华人民共和国国家质量监督检验检疫总局,中国国家标准化管理委员会. 粮油检验 容重测定:GB 5498—2013[S].
[54] 中华人民共和国水利部. 固结仪校验方法:SL 114—2014[S].
[55] 中华人民共和国水利部. 土工试验规程:SL 237—1999[S].
[56] 安蓉蓉. 粮食的内摩擦角、弹性模量及体变模量的实验研究[D]. 南京:南京财经大学,2010.
[57] 程绪铎,安蓉蓉,曹阳,等. 小麦、稻谷及玉米内摩擦角的测定与比较研究[J]. 食品科学,2009,30(15):86-89.
[58] 程绪铎,安蓉蓉,曹阳,等. 小麦粮堆弹性模量的实验测定与研究[J]. 粮食储藏,2009,38(6):22-25.
[59] 程绪铎,严晓婕,徐鑫. 稻谷堆的压缩密度与体变模量的测定与分析[J]. 中国粮油学报,2014,29(8):101-105.
[60] 杜丽. 粮堆的弹性模量和泊松比的试验与计算方法[D]. 郑州:河南工业大学,2013.
[61] 陆琳琳. 高大平房仓内粮食摩擦与压缩特性研究[D]. 南京:南京财经大学,2012.
[62] 施跃,宣益民,邸胜国. 不同粮堆内孔隙率与渗透率的实验研究[J]. 粮食储藏,1988,17(2),10-17.
[63] Akaaimo D I, Raji A O. Some physical and engineering properties of Prosopis africana seed[J]. Biosystems Engineering, 2006, 95(2): 197-205.
[64] 中华人民共和国国家质量监督检验检疫总局,中国国家标准化管理委员会. 粮油检验 粮食、油粒相对密度的测定:GB/T 5518—2008[S].
[65] Liu M, Haghighi K, Stroshine R L. Viscoelastic characterization of the soybean seed-coat[J]. Transactions of the ASAE, 1989, 32(3): 946-952.
[66] Marcel L R. Silos theory and practice[J]. Series on Bulk Materials Handling, 1975, 76:5-13.
[67] Matsuoka H. A microscopic study on shear mechanism of granular materials[J]. Soils and Foundations, 1974, 14(1): 29-43.
[68] Molenda M, Montross M D, Horabik J, et al. Mechanical properties of maize and soybean meal[J]. Transactions of the ASAE, 2002, 45(6): 1929-1936.
[69] Rowe P W. The stress-dilatancy relation for static equilibrium of an assembly of particles in contact[J]. Proceedings of the Royal Society of London. Series A. Mathematical and Physical Sciences, 1962, 269(1339): 500-527.
[70] Wheeler S J. The undrained shear strength of soils containing large gas bubbles[J]. Géotechnique, 1988, 38(3): 399-413.
[71] 常在, 杨军, 程晓辉. 砂土强度和剪胀性的颗粒力学分析[J]. 工程力学, 2010

(4):95-104.

[72] 程绪铎,陆琳琳,石翠霞,等. 大豆内摩擦角的测定与实验研究[J]. 粮食储存,2010,39(5):12-15.

[73] 冯家畅,程绪铎. 大豆与仓壁材料摩擦系数的研究[J]. 大豆科学,2014,33(5):787-789.

[74] 冯伟娜. 粮食剪胀性的三轴试验研究[D]. 郑州:河南工业大学,2015.

[75] 姜景山,程展林,左永振,等. 粗粒土剪胀性大型三轴试验研究[J]. 岩土力学,2014,35(11):3129-3138.

[76] 刘萌成,高玉峰,刘汉龙. 应力路径条件下堆石料剪切特性大型三轴试验研究[J]. 岩石力学与工程学报,2008,27(1):176-186.

[77] 司建中. 小麦水分含量对容重及硬度的影响[J]. 粮食储藏,2011,40(5):47-49.

[78] 徐日庆,王兴陈,朱剑锋,等. 初始相对密实度对砂土强度特性影响的试验[J]. 江苏大学学报,2012,33(3):345-349.

[79] 闫勋念. 粗粒土力学特性三轴试验与模拟研究[D]. 南京:河海大学,2006.

[80] 殷建华. 新双室三轴仪用于非饱和土体积变化的连续测量和三轴压缩试验[J]. 岩土工程学报,2002,24(5):9-12.

[81] 于航. 考虑贮料剪胀性的筒仓卸料机理离散元研究[D]. 郑州:河南工业大学,2016.

[82] 张桂花,汤楚宙,熊远福,等. 包衣稻种物理特性的测定及其应用[J]. 湖南农业大学学报(自然科学版),2004,30(1):68-70.

[83] 张曼. 卸料下筒仓侧压力的数值模拟研究[D]. 郑州:河南工业大学,2014.

[84] 周杰,周国庆,赵光恩,等. 高应力下剪切速率对砂土抗剪强度影响研究[J]. 岩土力学,2010,31(9):2805-2810.

[85] 朱俊高,龚选,周建方,等. 不同剪切速率下掺砾料大三轴试验[J]. 河海大学学报(自然科学版),2014,42(1):29-34.

[86] 曾长女,于航. 基于线性接触模型的小麦三轴试验细观模拟[J]. 河南工业大学学报(自然科学版),2015,36(2):66-70.

[87] 马石城,胡军霞,马一跃,等. 基于三维离散元堆积碎石土细-宏观力学参数相关性研究[J]. 计算力学学报,2016,33(1):73-82.

[88] 周博,汪华斌,赵文锋,等. 黏性材料细观与宏观力学参数相关性研究[J]. 岩土力学,2012,33(10):3171-3175,3177-3178.

[89] 张钰燕. 颗粒材料剪胀性的离散元分析[D]. 大连:大连理工大学,2012.

[90] 董承英. 带流槽侧壁卸料筒仓动态压力及其流态试验研究[D]. 郑州:河南工业大学,2013.

[91] 周德义.散粒农业物料孔口流出拱离散单元仿真[J].农业工程学报,1996,12(2):186-190.
[92] 陈长冰.筒仓内散体侧压力沿仓壁分布研究[D].合肥:合肥工业大学,2006.